U0070276

日本雞尾酒

渡邉匠與金子道人的創作哲思

作者｜劉奎麟 姜靜綺　翻譯｜洪偉傑

日本雞尾酒
度邊匠與金子道人的創作哲思

作者｜劉奎麟、姜靜綺
翻譯｜洪偉傑
主攝影（奈良）｜久保元気
攝影（奈良）｜高木悠次
攝影（新加坡）｜ Jana Yar
攝影（香港）｜ Bảo Khánh
攝影（東京）｜ Sonia Cao、安達紗希子、児島麻理子
攝影（台灣）｜陳金纛、詹舜宇
封面設計｜姜靜綺
版面設計｜姜靜綺
日文校對｜牧田貴文
文字編輯｜伍書源
酒譜協力｜高橋慶、伍騫念、李柏緯
採訪協力｜牧田貴文、陳品汎
校對協力｜伍騫念、李易洋、陳品汎
發行協力｜黃姵綾
總編輯｜劉奎麟
出版者｜貳五有限公司
地址｜台北市士林區承德路四段 9 巷 18 號一樓
電子信箱｜ tonicliu88@gmail.com
製版印刷｜國碩印前科技股份有限公司
出版日期｜中華民國 110 年 11 月
版次｜初版一刷
價格｜新台幣 750 元
ISBN ｜ 978-626-95385-0-8

WORLD CLASS
COMPETITION
FEE BROTHERS
BITTERS

SAFETY RAZOR
STAINLESS STEEL

目 錄

雞尾酒裡的
人生
醍醐味

雞尾酒承載的，是無法用言語形容的情感積累。

一杯雞尾酒，透過不同調酒師、使用相同的材料與比例，經由同樣的調製程序，最終呈現的風味還是不會一樣。這是因為每個人的人生都經過了無數的歷練，經由這些人事物產生的情緒雕琢，才趨於完整，成為現在的樣貌。自然地，透過充滿歷練的調酒師雙手所調製的雞尾酒，也就成為了永遠無法被複製的藝術品。

很榮幸受渡邊匠和金子道人的邀請，搶先閱讀他們的歷練與觀點，為這本調酒鉅作寫下推薦序。閱讀的過程，我彷彿身處回溯的時光中，穿梭在不同的時空背景，看著兩位調酒師所詮釋的經歷原貌。

我回想起 19 歲時的那個自己，因緣際會之下前往日本，展開了為期一年的學習之旅。前半年在關東，後半年在關西，深深受到兩地迥然不同的雞尾酒風格洗禮，為我日後的職涯奠定了良好的觀念和態度。

日本最令人著迷的部份，就是那種，無論是來自哪裡的文化，最終都會在日本去中心化，以固有的文化為核心，重新建構，發展成獨樹一幟的樣貌。而日本國內不同的區域，也因為文化的差異，進而演化出各自有趣的特色。

在我的經歷裡，關東的調酒師猶如彬彬有禮的文人雅士；關西的調酒師，則像是熱情且思想奔放的創作人。在這其中，唯一不變、也是我學到最多的，就是他們對於堅信事物所付出的努力。

這樣的執念，孕育了日本雞尾酒的文化之美。

一杯雞尾酒的風味，無非就是濃、淡、酸、甜、苦、辣、鹹……等，這些我們所能透過直觀品嚐到的既有味道，但如何才能稱得上是一杯完美的雞尾酒呢？我仍在調酒師的生涯裡持續學習。我想，若是少了調酒師本身精彩的歷練，雞尾酒就很難成為讓人忘懷的絕妙滋味！

透過兩位日本職人所創作的雞尾酒，不難發現，他們都是極富故事，且對於自身文化富有深厚情感的調酒師。

從經典到創意，書裡所產出的每杯酒款，可以體會到兩人對土地的連結、對家鄉的情感，一直演繹到他們在日本文化中體悟到的哲理。細細品味，得以感受到非常細緻的情緒和巧思，讓我不自覺投入其中。

反覆閱讀之中，彷若身歷其境，在不同時空背景下，感受他們的藝術創作不僅是一杯雞尾酒這麼簡單而已。成熟調酒師的樣貌，即是一件不能被取代的藝術品，隨著時間的積累，越趨完美與感動人！

恭喜渡邊匠和金子道人。你們在書中闡述的文字，會成為許多人探索日本雞尾酒文化的開端。

這本書不只是一本關於調製好喝雞尾酒的書，更是在寧靜氛圍下，藉由調酒師的觀點，探究具職人精神、我們所身處其中的雞尾酒文化樣貌。

世界 50 大酒吧 INDULGE 創辦人 王偉勳 Aki Wang

VODKA
KA
VA
LAN
SOLIST
JAPANESE
SAKE
VERMOUTH
HEERING

日式雞尾酒的前世今生

起源

日本雞尾酒發展與近代歷史息息相關。結束鎖國時期 * 後，從福澤諭吉的西化政策乃至明治維新，日本與西方國家密切往來，歐美的餐飲文化也隨著國際間交流，以日本的重要商港為圓心悄然扎根。

當時貿易發展快速，橫濱與神戶等港口形成來往商旅停駐的聚落，原先是小漁港的橫濱蓋起大型飯店，以應付日益成長的商務需求，海外調酒師也隨著來往商貿，進駐這些以外賓為主的飯店。

其中最有名的莫過於 Louis Eppinger，1889 年受美國海軍邀約，從舊金山前往橫濱管理 Grand Hotel 的酒吧。Bamboo 是否為 Eppinger 創作是有爭議的 *，不過的確經由他，將 Bamboo、Million Dollar 等雞尾酒發揚，也讓 Bamboo 成為日本酒吧的標誌性酒款。而他帶給日本的，不僅僅是幾杯雞尾酒，還有當時美國的雞尾酒文化。

另外一提，日本使團於 1860 年首次出訪紐約，下榻在 Jerry Thomas 的酒吧附近，或許正是因為這樣，Jerry Thomas 在他兩年後出版的調酒書中，記載有名為 Japanese Cocktail* 的酒款：一杯以干邑、杏仁糖以及苦精調製的古典雞尾酒。

* 日本江戶時期開始施行的外交鎖國政策，從 1633 年到 1854 年。黑船事件後，日本才開始與海外頻繁交流。
* 在 William T. Boothby 於 1908 年出版的《The World's Drinks and How to Mix Them》著作中，提到 Bamboo 由 Louis Eppinger 創作並聞名於世。然而 1886 年 9 月於《Western Kansas World》及《St. Paul Daily Globe》兩份報紙，皆提及由一位英國人創作了 Bamboo 這款酒，Louis Eppinger 則是德國人，但毋庸置疑的是 Bamboo 的確透過 Louis Eppinger 普及而廣為流傳。
* David Wondrich 在 2015 年的《Imbibe!》版本中所推測。

生根

日本雞尾酒始於橫濱，傳往東京，隨後遍地開花。

位於東京日本橋一帶的メイゾン鴻乃巣（Maison Konosu）是在地最早有酒吧型態的店家之一，開設於 1910 年。一樓設有西式酒吧，二樓則是鋪著榻榻米的西餐廳，是當時年輕文人喜愛聚集的場所，店主奧田駒蔵也被稱作是大正時代沙龍的創立者。

隔年，一群嚮往歐洲咖啡廳與沙龍文化的藝術家們，在銀座八丁目開了カフェー・プランタン（Café Printemps），店內除了咖啡與西餐，也供應烈酒和調酒，創辦人之一的小山內薰也是鴻乃巣的常客，Café Printemps 的牆壁上，充滿藝術家們即興創作的文句與繪畫；同年八月，銀座四丁目開設了カフェー・ライオン（Café Lion），店裡的首席調酒師是曾任職於 Grand Hotel 的浜田晶吾，也經由他在日本普及了 Million Dollor 這杯雞尾酒。

1912 年，位在淺草的神谷バー（Kamiya Bar）以酒吧為名開設，提供西式餐點與飲品，更早在 1880 年，神谷バー原先就經營著みかはや銘酒店，並在 1882 年開始販賣以白蘭地為基底的加味酒電気ブラン（電氣白蘭）。時至今日，Kamiya Bar 仍屹立在淺草鬧區，內部裝潢更接近現今咖啡廳的型態與樣貌，和當今酒吧樣貌有些不同，見證了雞尾酒產業在日本發展百年的歷史軌跡。

與 Café Printemps、Café Lion 同一年開張的銀座咖啡店 Café Paulista*，1913 年在大阪道頓崛開了分店；1918 年，Samboa Bar 在神戶開張，但原址已不復存在，發展至今，Samboa Bar 在日本各地仍有 14 家分店蓬勃發展，至今已逾百年歷史。目前廣為流行的 Kobe Highball* 又稱作 Samboa Highball，其原型便是出自 Samboa Bar。

1923 年關東大地震後，許多東京調酒師外移至日本其他地區發展，進一步傳播了雞尾酒文化。

1924 年，日本第一本雞尾酒專書問世，是日本近代西餐之父秋山德藏出版的調酒書籍《カクテル（混合酒調合法）》。而原本普遍認為是日本最早的雞尾酒專書，比秋山德藏的書晚幾天出版 *，由當時任職於新宿 Café Line 的前田米吉所撰寫之《コクテール》（雞尾酒）問世，

* Café Paulista 被認爲是日本現代咖啡店與喫茶店的原型之一，迄今仍矗立銀座。
* Kobe Highball 為關西地區流行的一種 Highball 喝法，在冰杯中加入冷凍威士忌，隨後沖入冰透的蘇打水，不攪拌也不加冰塊。
* 雞尾酒歷史學家荒川英二所提出。

是日本第一本由專業調酒師寫的調酒書。實際上，早在1905年出版，由高野新太郎編著的《欧米料理法全書》（歐美料理法全書），裡面附錄有〈洋酒調合法〉，一共84頁的內容當中，有約180杯酒譜與其他酒類知識，雖然不是專書，但已經是非常詳實的雞尾酒記載。

時至1930年，在銀座已有超過六百家咖啡廳與酒吧，這些調酒師將雞尾酒帶入日本飲食文化，並在日後發展出自己的特色。

戰後

二戰時因戰時政策，非民生必需的酒吧產業被迫停業。事實上，有些酒吧在戰時仍悄悄營業，Bar Lupin 即是以地下酒吧的方式持續營運，這使日本的雞尾酒文化得以流傳至戰後，未因戰爭而消失。

戰後，在調酒產業重回軌道以前，物資短缺，僅有駐軍於日本的外國人可以享受烈酒。一般人若想喝酒，只能從黑市以數倍價格購買，因而衍生出假酒問題，在當時造成了數百人死傷。此時的壽屋*，為了推廣自家威士忌，在1950年代於日本各地開設 Tory's Bar，以平易近人的價格，讓飲酒再度成為日本人日常生活的一部分。在1960年代全盛時期，有著兩千家以上的 Tory's Bar 在營運。

伴隨著日本經濟起飛，提供精緻雞尾酒與良好服務的專業酒吧得到了發展空間，不論是在飯店還是在繁榮的商業區，在禁酒令前的美式雞尾酒文化基礎上開展，衍生出手鑿冰球*與鑽石冰、入店的熱毛巾、對於杯具與裝飾物的堅持，以及帶有古典美式風格的空間，這些都已成為現代專業日式酒吧的樣態。

日本調酒協會*與飯店調酒協會*也是日本近代雞尾酒的文化推手，透過舉辦調酒比賽以及講座，為調酒師創造傳承與交流的平台，促進了雞尾酒技法及文化意涵在各地的推廣。

* 三得利的前身。
* 據信冰球是1970年代前半，在新潟地區的 Bar Hamayu 所創造出來的。
* 日本調酒協會，英文全名 Nippon Bartenders' Association，常縮寫為 N.B.A.，創立於1929年。
* 飯店調酒協會，英文全名 Hotel Barmen's Association，常縮寫為 H.B.A.，創立於1962年。

東西薈萃

自禁酒令開始至二戰結束，美國雞尾酒迎來長達近三十年的文化空窗，原先的調酒師與消費族群不復存在。戰後的美國雞尾酒展開全新面貌，從 Tiki 風格的餐酒館，再到蕨類酒吧*與迪斯可舞廳，雞尾酒以多變的面貌走入人們的生活中，風格越趨多元，而禁酒令前的調酒文化則逐漸為人所遺忘。

在太平洋的彼端，日本無意間保存了禁酒令前的西方雞尾酒風格，並且隨著時間推移，逐漸融合並發展出自己的特色，包括對冰塊的堅持以及獨特的搖盪風格，成為獨具日本風格的雞尾酒文化。

由 Tony Yoshida 開設的 Angel's Share，自 1993 年起創立於紐約東村，是日式風格影響近代雞尾酒浪潮的起點之一。近代雞尾酒之父 Sasha Petraske 自承從 Angel's Share 獲得啟發：「我認為調製雞尾酒這件事，是在安靜的氛圍下開始的。這樣的特點在美國禁酒令時期，被日本保留了下來，在二戰後的重建期，也只有日本繼續發展如此的雞尾酒文化。無論如何，不管當初是誰在曼哈頓開設 Angel's Share，我都心懷感激，因為這就是我想看見的一間酒吧。」

近代精緻雞尾酒浪潮，也許從 90 年代 Dick Bradsell 與 Dale DeGroff 就已悄然展開，再由 Sasha Petraske 點燃現代雞尾酒文化的火苗，從美東的 Milk&Honey 開始星火燎原，十年之後，將雞尾酒的復興風潮吹向全世界。

現今日本，也深受這波感染了美國，再傳回日本的雞尾酒浪潮影響：有著日式精神底蘊的新派雞尾酒。這讓日本調酒師重新檢視自身所處的雞尾酒文化，並嘗試在傳統下尋找新的可能，創造這個世代的日本雞尾酒。

* 蕨類酒吧（fern bar）是一種從紐約 TGI Friday's 開始發展的酒吧類型，流行於 70 與 80 年代的美國。以現代觀點來看，蕨類酒吧提供過甜與庸俗的雞尾酒，卻也是女性大眾走入酒吧的開端。

113. Japanese Cocktail.

(Use small bar glass.)

1 table-spoonful of orgeat syrup.
½ teaspoonful of Bogart's bitters.
1 wine-glass of brandy.
1 or 2 pieces of lemon peel.
Fill the tumbler one-third with ice, and stir well with a spoon.

31 BAMBOO COCKTAIL.

ORIGINATED AND NAMED BY MR. LOUIS EPPINGER, YOKOHAMA, JAPAN.

Into a mixing-glass of cracked ice place half a jiggerful of French vermouth, half a jiggerful of sherry, two dashes of Orange bitters and two drops of Angostura bitters; stir thoroughly and strain into a stem cocktail-glass; squeeze and twist a piece of lemon peel over the top and serve with a pimola or an olive.

大正期の京橋「鴻乃巣」（奥田家蔵）

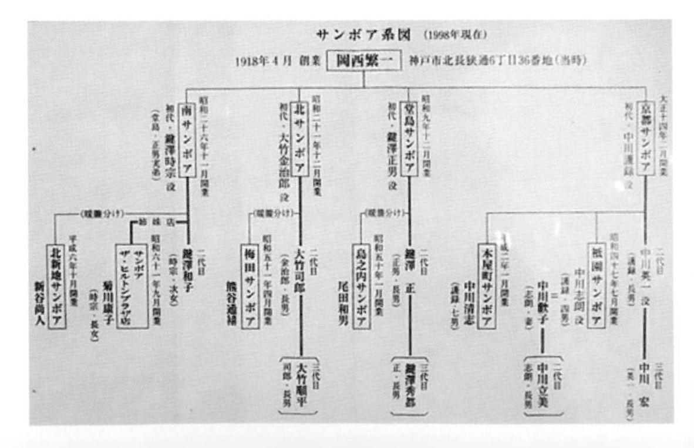

01 《Bar-Tender's Guide》
中的 Japanese Cocktail

02 《The World's Drinks and How to Mix Them》
中的 Bamboo Cocktail

03 メイゾン鴻乃巣於大正九年（1920）遷址至現今的京橋二町目

04 メイゾン鴻乃巣遷址落成時的宣傳海報

05 Café Printemps 的牆上繪有藝術家們即興創作的文句與繪畫

06 前田米吉於 1924 年出版的《コクテール》

07 Samboa Bar 1918 年至 1998 年的分支系譜

08 昭和 63 年（1988）的神谷バー

渡邊匠

與

金子道人

TAKUMI WATANABE

渡邊匠 May 1972

日本雞尾酒職人，生涯多項冠軍加冕，調酒風格細膩優雅，多杯創作被收錄在《The Joy of Mixology》、《101 Best New Cocktails》等雞尾酒專書中。知名調酒作家 Gary Regan 將他譽為所遇過最好的調酒師之一，稱一生中有兩杯雞尾酒的美味讓他難以忘懷，一杯是 Ago Perrone 的 Martinez，一杯是渡邊匠調製的 Aviation。

自 1994 年起於 The Sailing Bar 擔任首席調酒師與經理的角色，持續栽培年輕調酒師，以傳承雞尾酒知識為己任。對各項酒類皆有深入的研究，具有資深侍酒師與國際唎酒師資格。日本竹鶴威士忌品牌大使與 Kikka Gin 品牌大使。

Ardbeg
10
Glenfiddich
THE GLENLIVET
SINGLE MALT SCOTCH WHISKY
THE SINGLETON
12
CLYNELISH
14
DRAMBUIE
HEERING
KIKKA
GIN

渡邊匠的職人告白

我誕生在日本中部的岐阜縣，當時這裡並不富庶。出生時，日本剛走出戰後傷痛，經濟開始起飛，在求學階段看到許多新奇且未接觸過的事物，從這個時期開啟了我對新知的求知慾。

在成為調酒師以前，我想做的其實是一名廚師。我的母親擁有一間雜貨店，同時也提供手作餐點作為外帶便當販售。七歲開始，我清晨會和母親到市場買菜，去學校以前就在旁看她備菜，偶爾也讓我幫忙做些簡單的事。到國中時，我已經能獨立負責幾道便當裡的菜餚。

因為在小地方做生意，回頭客很多，客人都跟我們家有交情，看到他們總是開心接過便當，偶爾開口稱讚裡頭的菜色好吃，心中遂湧起澎湃欣喜的感受。隨著年紀漸長，那種供應餐點給眼前客人，得到肯定的喜悅感，是我想要成為廚師的起點。

一頭栽進調酒的世界

大學時，離開岐阜到奈良唸書，家中經濟沒辦法負擔我的求學費用，所以我開始在當地的義大利餐館兼職。我從備料與清潔做起，憑藉著家中幫忙備菜的經驗，讓我很快贏得在廚師身邊見習的機會。轉為正式員工時，吧檯剛好缺人手，於是我開始接觸雞尾酒，遇到假日客人多的時候也需要幫忙做酒。也是此時，開始與我的啟蒙導師藤田義明的合作關係。

在餐酒館工作，出酒的門檻並沒有專業雞尾酒吧這麼高，僅用了半年時間，我就得以正式為客人出酒。雖然只是餐廳的雞尾酒，但藤田先生對味道的一致性要求很高。比起現在，當時的雞尾酒結構沒有這麼多變化，正因為作法與材料單純，精準的調製手法是穩定風味的關鍵。

在餐酒館三年的時間裡，只要一有空，藤田先生就會指導我，並找我一起討論風味與編寫酒單的事宜，下班後我們也會和同事一起練習。畢竟餐廳沒有那麼多酒水要出，在工作裡閒下來的時間，我就不斷反覆練習調酒的基本儀態與技巧。從這時候開始，因攪拌雞尾酒產生的手指厚繭，就一直跟著我到現在。

因為經濟因素，大學有段時間我找不到住處，那時新婚的藤田夫婦讓我借住他們家書房。第一次踏進房間，映入眼簾的，是書架上逾百本的調酒書。雖然在餐館負責酒水，在這之前，我沒有認真閱讀過相關書籍，更遑論外文調酒書。

住在藤田家的日子裡，對英文識淺的我，開始拿起調酒書搭配英文字典研讀，查字典還是沒辦法理解的，就隔天去請教藤田先生。起初閱讀速度很慢，但累積起來的知識量還是逐漸看到成果，他曾笑對我說，渡邊你的知識量也許比我多了。在吧檯上，我開始有自信地和客人聊起了酒的背景故事與個人見解。

藤田先生看見我對雞尾酒的投入，鼓勵我去觀摩大城市的酒吧與調酒師，我因此數度到訪東京，體驗銀座酒吧嚴謹與恰到好處的服務。

在這時期，我認識了在大阪開設 Bar Hiramatsu 的前輩平松良友，他對經典調酒的歷史與演變有相當的研究，受他啟發，我開始研讀 Jerry Thomas 的經典著作《Bar-Tender's Guide》，為我日後的知識基礎奠基。

我大學主修法律，升學時認為唸法律能帶來穩定的生活，不過原本那個到奈良唸書、想找一份安穩工作的大學生，卻在賺取學費的過程中，在餐飲產業摸索到自己的志向所在。放棄法律工作高薪穩定的生活，引來家裡反對的聲音，但從小種下對料理熱情的種子，以及後來在餐酒館遇見的前輩及夥伴，讓我做出了選擇。

與藤田的長途航行

藤田先生在我畢業那年，決定回到家鄉櫻井開設自己的酒吧，受他許多幫助的我遂接受了邀請，選擇跟著他一起工作。那時候的我從沒想到，在這裡一待，就是二十八年。

Sailing 是航行的意思，年輕時待過海軍，喜歡海洋的藤田先生，將酒吧命名為 The Sailing Bar。他把對海洋的嚮往與傾心，放到最喜歡的酒吧工作之中。

藤田先生嚴謹的態度，反映在所開設的店裡，因為是專業的酒吧，比起在義式餐館時期，在 The Sailing Bar 要做的事情更多了。以冰塊為例，從寬邊近一公尺的大冰開始，分切成數種不同尺寸的冰塊，威士忌的大冰、Highball 用的、搖盪與攪拌用的，剩餘的邊角則用來冰鎮材料，並且避免分切過程產生太多耗損。我重頭開始學習，遵循他為 The Sailing Bar 訂下的標準。

在技術上的指導外，藤田先生對知識的追求也影響著我，人生第一次出國，便是他帶我到肯塔基州參觀波本酒廠，近距離看到平常使用的波本威士忌製程，也在紐約喝上一杯 Cosmopolitan。這是我第一次親眼見到日本以外的雞尾酒調製，埋下我對多元雞尾酒文化開放的心態。

The Sailing Bar 所在的櫻井市是奈良縣裡的一個小鎮，一百平方公里裡僅有五萬人口，這裡的主要產業之一是伐木業，隨著森林保育觀念的興起，自九零年代經濟開始下滑。也因為所在地區人口不多的關係，客人幾乎都是互相介紹而來。

我開始在店裡寫日誌，記錄每個來店客人的名字與喜好，例如說了哪杯酒好喝、對酸甜的偏好，他們的生日或者生活中發生比較大的事情，我也都會一一紀錄，等到再次來訪時，便能給他們回到熟悉地方的感受。我很享受每天下班後坐上吧檯、回想今天客人的反應，那樣的寧靜時光。從開店至今的日誌，都還整齊地陳列在 The Sailing Bar 的櫃子裡。

調酒師與廚師相同，都是供應餐點給客人的角色，但透過雞尾酒，能更直接地與人面對面交流，這是我最終選擇成為調酒師的重要原因。

比起供應完美的餐點，我更在意顧客是否開心地離開店裡。對我來說，並不是因為滿足了顧客的產品需求，所以我們之間的關係就能建立起來，如果是這樣，誰來服務都是一樣的。進一步說，我為顧客服務，並不是因為他們要求我，所以服務。若是有好產品卻缺少了服務，那消費者的感受一樣是不完整的。把產品做好是餐飲工作中最基本的，透過好的服務過程提供好的感受給客人，才可以帶給顧客完整的消費體驗。

餐飲體驗的重點，不在於有形的型，而在於它所帶來的體驗對參與者的價值。

調酒比賽的磨練

我在 26 歲時加入了日本調酒協會，當時國內調酒比賽多由協會舉辦，成為會員始能參加比賽。一開始，我想透過比賽證明自己的實力，也希望從同樣作為調酒師的評審前輩身上獲得建議，十年下來，參加了數十場賽事，我僅在一場小比賽中拿過優勝。失利讓人挫折，但並沒有擊倒我，透過觀摩每場賽事的優勝選手，我都會回去再調整，準備下一次的挑戰。

順帶一提，那次優勝我贏得前往銀座酒吧實習的機會，得以跟在前輩身邊見習。站進吧檯裡面工作，與坐上吧檯品飲雞尾酒是完全不一樣的風景。除了感受到經典調酒比例上的差異，分工也十分明確：由學徒負責基本工作；年輕調酒師負責搖盪雞尾酒；攪拌類型的酒則由資深調酒師親手調製。

我也在過程中認識了金子道人，當時他在奈良市的飯店酒吧工作，我們開始聚在一起練習，研究其他調酒師的優缺點。為了準備比賽，他下班後會開著四十分鐘的車跑來櫻井，我們就這樣在吧檯上，反覆著研究不同材料間的組合，直到其中一個人真的累到撐不住。

現在回頭來看，我們在準備比賽討論過程中，對於新手法跟材料的摸索，是非常珍貴的收穫。在我早期參與的調酒協會比賽中，素材的選擇還是十分受限，幾乎沒有自製材料。但我們兩人總天馬行空地去創造新材料在實務中的可能性，為未來贏得 World Class 打下良好基礎。

迎來第一個冠軍

2008 年，藤田先生從 The Sailing Bar 退休。這一刻開始，我需擔負起更重要的角色，也得獨當一面訓練員工成為稱職的調酒師。工作上角色的轉換，加上家庭誕生了新成員，讓可以準備比賽的時間更少，但我仍保持熱情，擠出時間練習並持續參加競賽。作為店長，我希望藉由站上舞台，讓更多人知道 The Sailing Bar。

而在 2010 年，我遇見了一場改變人生的賽事：World Class。比起協會辦的比賽，World Class 的挑戰更加多元，每個關卡的主題都不同，十分考驗調酒師的創意和臨場反應。

我先是贏得資格，可以到東京參與決賽，在兩天的賽事裡共有三項關卡。第一天有兩項挑戰，分別是原創調酒和餐酒搭配。我以帶有柑橘調性的琴酒，搭配茶、紫蘇及德島縣產酢橘汁，創作了 Botanical Garden，獲得評審的高度肯定。完成兩項賽事後，我順利晉級到決選名單，得以參與第二天的決賽。

最終挑戰是待現場抽出題目後，調酒師即興創作出符合意涵的雞尾酒。我將抽到的卡片遞給主持人，閉上眼睛，靜心聆聽專屬於我的挑戰。

「20 歲時的初次約會，有些笨拙與尷尬，但依舊鼓起勇氣向對方搭話。」

我聯想到的是水蜜桃，乾淨清爽，甜美中帶有微酸，像極了期待戀情開始時開心與緊張的心情。我將桃子洗淨，加入新鮮薄荷葉，連結琴酒裡的洋甘菊氣息，創造綿密滑順的口感。我將對年少戀曲的想像，化作雞尾酒，傳遞給同樣曾有過這樣心情的評審們。

完賽後，我與其他調酒師一同站上舞台，在聚光燈下等待宣布成績。當台下觀眾掌聲停止，主持人拿出寫有名字的信封唸到：「冠軍是……」空氣像是凝結一般，所有人都在等待著即將要唸出的名字。

「匠，來自奈良的渡邊匠。」聽見名字的瞬間，腦袋一片空白。直到周圍的人上前擁抱、歡呼，我才意識到自已真的成了冠軍，下一秒腦中浮現許多人的面孔：帶領我進入調酒世界的藤田先生、給我意見的忠實客人、直到賽前都一起練習的金子，以及一直在我身後無條件支持的太太。

決賽舞台在銀座，遠在千里之外的她，在家照顧當時只有一歲以及三歲的兩個兒子，無法到場觀賽。我在拿到獎盃後，第一時間找了個安靜角落，立刻撥打電話回家，話筒兩端，太太與我都流下了開心的眼淚。

前往世界舞台

離開日本前我的內心非常平靜，多年比賽經驗與在銀座的見習機會，讓我了解到國內充滿許

多專業又有個人魅力的調酒師，在競爭激烈的環境中能夠脫穎而出，已經十分滿足了。我視世界賽為一場難能可貴的學習之旅，將實務經驗與知識毫無保留地表現，並從中獲得成長。

在傳統中實現創意

決賽舞台在希臘雅典，各國頂尖的調酒師匯聚於此。評審 Peter Dorelli 在比賽首日以充滿張力的口吻，向所有參賽者大聲宣告：「用你們的雞尾酒讓我大吃一驚吧！」為賽事揭開序幕。

第一關是創造品飲體驗（Ritual and Theatre）的挑戰，這是考驗創造力的挑戰，調酒師必須端出令人驚喜的自創雞尾酒和烈酒桌邊服務。提到創意，多數人腦海迸出的可能是新奇的材料，但我選擇以代表日本傳統茶文化作為主軸，將創意精神放在呈現和風味上。透過對雞尾酒的風味解構，我在茶壺中放入堅果、椰仁與橙皮，再於服務時，現場將與陳年蘭姆酒調製好的雞尾酒液注入。

烈酒桌邊服務的挑戰中，我在扁狀玻璃容器中放入三個盛有 Johnnie Walker Blue Label 的烈酒杯，周圍鋪滿雪松葉、毬果和松木屑，並在玻璃壺中注入雪松葉和松木屑的煙霧，讓原本

泥煤的威士忌染上帶有松香的煙燻，並附上能連結凸顯 Johnnie Walker Blue Label 特色的生火腿及果乾小點盤。

為 Peter Dorelli 介紹完後，我慢慢地在他面前打開器皿，帶有松木香氣的白煙頓時傾瀉而出。他從中拿取出威士忌飲用，隨後露出滿意的表情，當場對這兩款呈現給予高度的肯定。

餐酒搭配

隔天的挑戰是餐酒搭配（Cocktails & Canapés），Canapés 在法文的意思是開胃小菜，這一關是要挑選兩道開胃小點創作餐搭雞尾酒。有六道菜可供選擇，三道海鮮，鱸魚薄片、鯖魚生魚片和炙烤鮭魚，兩道肉類，炙烤牛肉和香料雞肉串，一道是結合日本威士忌奶泡的卡布奇諾。

我想針對不同類型的料理，設計出有對比感的雞尾酒，因此選擇鱸魚和雞肉串。雖然生魚片跟卡布奇諾和日本有所連結，但思考過後，由於義大利餐館的出酒經驗，讓我有把握為料理作出合適的搭配。兩道料理都帶有辣度，在雞尾酒的設計上，圍繞著清爽的概念為出發點。

搭配新鮮鱸魚薄片佐酸辣檸檬醬，我的雞尾酒 Invitation 以琴酒的柑橘與香料為核心，加入新鮮小黃瓜與葡萄柚；香料雞肉串裡使用了兩種辣椒，創作的餐搭酒 Superior 以陳年蘭姆酒為基底，與番茄與生薑汁一同調製。義式料理中，肉和番茄是天生一對，常能見到這樣的組合，薑味則與其中的香料產生連結。Superior 除了讓香料雞肉串更美味，也可以作為出色的開胃雞尾酒。

面對挫折

比賽有起有落，我在市場挑戰（Market Challenge）的表現差強人意。這關需要創作兩款雞尾酒，所有材料只能在當地的超市裡購買，有二十分鐘採買、二十分鐘備料，最後用十分鐘來完成雞尾酒。

搭配甜美的深色蘭姆酒，我端出以咖啡跟牛奶作為主要材料的調酒，有評審認為雖然美味，卻也是可預期的風味。在陌生環境的時間壓力下，我做了安全的組合，但在世界賽舞台，全世界最好的調酒師都在這裡，必須拿出吸引評審目光、可以脫穎而出的作品。我靜下心來整理思緒，放下失利帶來的失落感，比賽尚未結束，不能讓負面情緒影響接下來的表現。

以匠為名的飛行

調酒師精湛挑戰（Cocktail Mastery Challenge）分成兩部分，第一部分考驗調酒師的嗅覺專業，選手會拿到一張寫滿四十種酒類常見香氣的考卷和二十個風味瓶，每個瓶子對應一種香氣，嗅聞後在試卷上選出答案。第二部分需創作兩款調酒，經典調酒改編和自創雞尾酒。

也許是命中注定，在製作 Aviation 的改編時，現場並沒有提供我一直以來選用的紫羅蘭利口酒 G. Miclo Violet Liqueur，我不得不改變原先設定的配方，在短時間內，重新調整風味。考量與 Tanqueray No. TEN 的柑橘調搭配，我改以帶有香草與橙香的紫柑橘利口酒 Marie Brizard Parfait Amour 取代紫羅蘭，帶來很好的效果。

多年之後，Gary Regan 再次聯繫我，說他難以忘懷當初 Aviation 的美味，希望可以將酒譜收錄在調酒書中，我才告訴他這有驚無險的創作過程。這款雞尾酒被他收錄進《The Joy of Mixology》，並由他命名為 Takumi's Aviation。

DIAGEO RESERVE
WORLD CLASS
RAISING THE BAR
IN ATHENS

這是我有史以來品嚐到最美味的 Aviation，渡邊匠的 Aviation 使我屏息，和 Ago Perrone 於 06 年在倫敦調製的 Martinez，是世界上唯二令我如此魂牽夢縈的雞尾酒。-Gary "Gaz" Regan

Gary "Gaz" Regan

世界賽後，Gaz 和我透過網路保持聯繫，雞尾酒是我們的共通語言。

Gaz 在《The Deans of Drink》讀到我的自創雞尾酒 Red Thorn，他發信詢問我，是否能將這款雞尾酒收錄進他的書中，我告訴他，創作的靈感源自於 Harry Johnson 的 Black Thorn。之後我在《101 Best New Cocktails》讀到他寫的評論時，開心地笑了，他說：「Harry Johnson 應該為此感到榮幸。」

14 年時，我擔任竹鶴威士忌的品牌大使，以竹鶴純麥威士忌創作了 Cove，這款雞尾酒也被收錄在他的著作中。當時日本威士忌在國際上正處於起飛初期，他在書中預言日本威士忌會出現在越來越多的雞尾酒當中。作為品牌大使，我感到與有榮焉，也十分感謝他讓更多人看見日本威士忌。

Gary Regan 是我的知音暨榜樣，他不僅是一位優秀的調酒師，更透過書寫，致力推動雞尾酒知識的傳播。我的前半生以鑽研調酒技術、取得各方認同為目標，成為日本冠軍之後，他啟發了我對文化教育的熱情，我想為這個產業做出更多貢獻。

新浪潮來襲

成為日本冠軍，或是完成世界賽的旅程都不是終點。相反地，在世界舞台接觸到的國際調酒師，讓我對於雞尾酒發展的可能性有了新的見解。

World Class 世界舞台帶來的體驗，對我而言，是一場關於雞尾酒文化的奇幻之旅。觀看其他選手比賽的過程中，我注意到最終獲得冠軍的 Erik Lorincz 製作雞尾酒時的手法，那是以前未曾看過的 throwing：將酒液透過裝有冰塊的調酒容器來回傾倒，達到冰鎮的目的，優雅與精準度並存。選手透過雞尾酒，呈現出各自國家的文化特色，我也從中感受到自身所處的日本，其雞尾酒文化獨到之處。

回到日本後，帝亞吉歐邀請我在日本各地舉辦教學講座，從北海道到關東、關西，再到四國與九州。我向年輕調酒師分享經驗，從比賽前的練習菜單，到口條、調酒速度與精準度的培養，以及創作雞尾酒的方法，將一路以來的經驗整理成有系統的內容，盡可能地分享出去。

當時日本調酒師對海外雞尾酒潮流接觸的並不多，透過親身經歷，我鼓勵更多年輕調酒師以開放的心態去接觸海外文化，並且把握機會，到國外看看市場現況。World Class 世界賽後，我與相關產業的合作更加密切，除了擔任品牌大使，在我的建議之下，酒商也開始陸續引進歐美調酒師舉辦講座，這在以往的日本業界是少見的。

除了到日本各地舉辦講座，受我影響，身邊的調酒師也開始嘗試 World Class。當時在奈良飯店工作的宮崎剛志找我為他訓練、調整風味，最後取得日本冠軍，進而拿到世界第三，然後是 15 年金子道人世界冠軍、16 年大阪的藤井隆世界第二。

以往，世界看待日本雞尾酒會將目光集中在銀座，但過往的十年，除了銀座之外，關西地區也成為了不可忽視的新勢力，有越來越多關西調酒師受邀到海外舉辦客座調酒及講座，這對海外市場認識日本雞尾酒文化的多樣性有所助益。與有榮焉之外，看著更多日本調酒師在國際舞台上發光發熱，同時將所見所聞帶回日本，是我這十年裡感觸很深的，有更多元的雞尾酒跟酒吧風格在日本發展，也開始有歐美調酒師前來開店。

作為一個蓬勃發展的文化，調酒的浪潮持續在前進變化，願日本與國外的交流，以及國內之間的循環能持續下去，繼續推動雞尾酒產業不斷地進步。

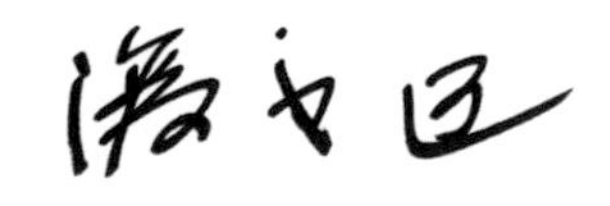

W
WORLD
RAISING THE

SPL

MICHITO KANEKO

金子道人 August 1981

2015 年 World Class 世界總冠軍，世界百大酒吧與亞洲五十大酒吧 LAMP BAR 創辦人暨主理人，商業合作遍及墨西哥、荷蘭、俄羅斯、馬爾地夫、南韓、新加坡及日本。與江口明弘共同創辦 Japanese Sake Vermouth。

出身藝術家庭，喜歡烹飪並有廚師背景，靈感常來自藝術與料理，善用茶、香料與醋等飲食素材調製雞尾酒，會在有靈感時隨筆畫下想像中的雞尾酒成品。持續以調酒師的身份，遨巡於世界各地進行產業交流，熱衷與新進調酒師分享所學。

金子道人的調酒師之路

遇見雞尾酒之前

我的原生家庭並不寬裕。我於大阪出生，之後舉家搬到奈良郊區的山上。兩歲時遭遇火災流離失所，不但住過帳篷，也曾在寺廟借住。

父母離異之後，母親獨自負擔起家計，我會幫忙分擔家事，從小就開始動手烹飪。我雙親都從事藝術創作，尤其鑽研陶藝，耳濡目染下，我原本將藝術科作為中學的第一志願，但以些微差距落榜，轉而就讀食品專業。

畢業後自然地選擇到餐廳工作，但是餐廳提供的料理，跟我原先想像的有所落差。為了生活，轉而從事收入不錯的建築工，晚上則再找了份居酒屋的兼職，也是在這時候，我第一次遇見了雞尾酒。

居酒屋提供的雞尾酒品項並不多，主要都是以容易操作、方便搭配食物為主，像是 Highball、Gin&Tonic 等簡易酒款。風味之間的排列組合，激起主修食品科學的我，對於雞尾酒的興致。

同事見我對雞尾酒有興趣，推薦我到一間位於和歌山的酒吧 Bar Tender。在這之前，我從未走進過專業的酒吧。

啟發我的一杯酒

趁著某日休假，我到訪 Bar Tender。推開厚實的大門，映入眼簾，是暖色空間裡，塞滿當時我看都沒看過的威士忌，調酒師有禮的招呼，在不大的空間裡，給人一種踏實而溫暖的感受。我點了一杯 Moscow Mule，等待調酒的同時，我環顧四周，店裡的氛圍和居酒屋形成強烈對比，調酒師穿著西裝打上領帶，不疾不徐地調製雞尾酒，調製過程安靜而優雅，時不時仍關心顧客的舉止與需求。坐在吧檯上，像是看一場名為調酒的表演，那杯 Moscow Mule，是我至今喝過全世界最好的一杯。

這次體驗，啟發了我對雞尾酒的熱情，我重新思考自己想要過的人生，決心辭掉建築工作，前往 Bar Tender 應徵。我將年輕時的一頭金髮染回黑色，穿上正裝，再次到訪 Bar Tender，推開大門，見到眼前的調酒師，同時也是老闆的平野祐，隨後，我對他深深一鞠躬：「您好，我想要成為一名調酒師。」

平野先生問我，成為調酒師後的目標。

「我給自己十年的時間，想在三十歲時回到家鄉，開一間屬於自己的酒吧。」於是在平野先生的指導下，我的調酒師生涯從 Bar Tender 開始。

踏上名為調酒師的人生

Bar Tender 座席不到十五個，生意非常好，即使沒有座位，酒客也願意站在門口喝酒。平野先生在吧檯裡做完酒後，會親自走出店遞酒，等到門外的顧客喝了一口，詢問風味是否合適後，才有禮地回到吧檯裡繼續工作。讓每一位到來的人，無論在室內或門外，都能有被重視的感覺。

這份待客堅持，正是人們喜愛 Bar Tender 的原因，因此就算沒有位子，人們也願意在門外站著喝上一杯。平野珍視客人的心情，是我在他身上學到最重要的東西，也成為對自己往後開店的期許。

從學徒開始的日子並不容易，一開始的工作內容就是打掃與洗杯，等到基本整潔達到平野先生的要求，我才開始能在關店後拿起器具練習。平野先生擅長經典雞尾酒，嚴格要求每個環節，我又花了整整一年學習，才能替他準備吧檯材料。

在 Bar Tender 工作了一年多，平野先生建議我，若未來想要回到奈良開店，必須先熟悉在奈良工作。當時，他是調酒協會和歌山分部的部長，在關西地區人脈很廣，替我介紹了同為協會成員、在奈良開設酒吧的羽場豊。於是，我開始在羽場先生的 Bar Old Time 工作，但也仍留在 Bar Tender 任職，展開了兩地奔波的生活。

一週裡，我有四天在 Bar Old Time、二至三天在 Bar Tender 工作，幾乎沒有休假。往返於奈良與和歌山的路程並不容易，光是電車通勤，單程就要兩個小時，這樣兩地工作的生活持續了六年。

Bar Old Time 座落在奈良市的藤田飯店一樓。在羽場先生身邊工作，除了學習飯店酒吧系統的雞尾酒，還有其體系有禮不失溫度的服務文化。飯店酒吧提供單價較高的酒單，服務得更加嚴謹，從顧客走進店裡開始，主動上前協助脫下外套並收納，對於現場顧客的需求反應也要更快處理；離店時，主調酒師一定會親自送客人到店門口，鞠躬並目送離去。在 LAMP BAR，許多服務流程的制定，都是在羽場先生身邊工作時習得的。

而在 Bar Tender 的吧檯上，我花了四年才得到平野先生的認可，能夠獨當一面地調製雞尾酒。他對於讓我站上吧檯擔綱調酒師，不僅只對雞尾酒風味要求，更重要的是，能在服務上作出正確的應對，讓顧客開心享受酒吧裡的時光。

看不見的夥伴

石谷是我的高中同學，投緣的我們很快成為彼此最好的朋友，情誼一直延續到出社會。無論是從餐廳離職，還是以開店為目標，只要我有需要做決定的時刻，都會找石谷討論。他總是笑笑地跟我說：「你一定可以做得很好。」

當我到 Bar Tender 工作時，關於開店的夢想，或成為獨當一面的調酒師，我都沒有什麼自信，總覺得城市裡有更多比我聰明的人，尤其在調酒比賽中挫敗、失落的時候，石谷總在一旁鼓勵著我。他比任何人都還要相信我能成功，正是這份信任，給我在跌倒後重新站起的勇氣。

他患有白血病，沒有辦法喝酒，仍時常到訪 Bar Old Time，坐上吧檯看我調酒；我參與的每一場比賽，他都會到場，即使身體不適，也是戴著口罩來為我加油。石谷總說，他可以想像我親手調製的雞尾酒味道，一定很美味。

石谷最終不敵病魔，那一年我們 27 歲。過世前不久，他仍前來觀看我參與的比賽。我想做到曾經對石谷說過的開店夢想，若他還在，應該會笑笑地再次對我說：「我知道，是你的話一定做得到。」

築夢的現實面

距離設定的 30 歲開店只剩三年，我開始籌備開店資金，辭掉在 Bar Tender 的工作，將生活重心移回奈良。雖然回到奈良，為了儘快存錢開店，我的工作負擔不減反增。

當時我一天的工作是這樣的：早上六點到十二點，在奈良飯店擔任早餐服務生；下午小憩片刻，四點回 Bar Old Time 擔任調酒師到凌晨兩點。這樣的生活維持兩年多，存到了點錢，健康卻出狀況。長期睡眠不足，加上飲食失調，暈眩的頻率增加，耳朵更經常有聽不到的情況發生，我才驚覺身體已經無法負擔。

在 30 歲來到之前，我鼓起勇氣，用存款加上貸款，在近鐵奈良車站附近找到一個喜歡的空間，開始打造屬於自己的酒吧。讓當時在平野先生面前天真說著的開店夢，得以成真。

順道一提，在 Bar Tender，平野先生收藏超過六百瓶威士忌，當他跟客人聊起威士忌時，我總在旁認真聽著，暗自欽佩他對於烈酒歷史與背景知識的涵養，也在這時期，培養出我對威士忌的喜愛。受到平野先生的影響，開業時 LAMP BAR 其實是以威士忌作為主題的。

師徒般的革命情感

為了磨練技術，也想看看其他調酒師的手法，踏入調酒界不到一年，我就開始參加日本調酒協會所舉辦的比賽。

第一次見到渡邊，是在協會的地區研討會上，很快我就注意到他對於雞尾酒的熱情。隨著參與的比賽漸多，同為關西代表，其他地區的調酒師就是共同的對手，所以我們開始聚在一起練習。也從這時逐漸熟識起來，即使沒有比賽，我們仍持續交換著對雞尾酒的看法。

22 歲那年，我在專門給年輕調酒師的比賽中得到全國第六，當時以此為滿足，加上幾乎沒有休假的工作生活，往後幾年都沒有再參賽。之後受到石谷鼓勵，我於 26 歲再度參加比賽，才發現已經被許多人超越，數度參賽都沒辦法有好表現，更別說是獲勝，對停下腳步的自己懊悔不已。

也是這時開始，每場比賽我都至少提前一個月準備。那時凌晨下班後，我就開車到櫻井找渡邊練習調酒，直到早上七、八點才肯解散回家。工作剛好都休假時，就一起往大阪、京都的酒吧跑，在那時，關西地區的雞尾酒吧幾乎都有我們的足跡。比賽過程中輸多贏少，我們在不斷失敗、不斷再戰的過程中，培養出濃厚的革命情感。

後來渡邊先是拿到 World Class 日本冠軍，在接下來幾年，陸續又拿下幾個全國性的大賽冠軍、擔任烈酒品牌大使。這段期間，業內已經視他為大師，但他對新知依然孜孜不倦。他身為前輩，享有盛名，我卻從來都感覺不到隔閡，面對調酒時他就像個小孩，對什麼都感到好奇、什麼都想嘗試看看，有時候試到什麼有趣的材料，就會馬上打電話給我，分享他的新發現。

直到現在，我們都還是當年的樣子，我偶爾會跑到 The Sailing Bar，品嚐他新的創作，一起討論可以怎樣調整。當然，在 LAMP BAR 也常能見到渡邊的身影，我們會找同行在下班後開雞尾酒討論會。

迎接 World Class 挑戰

渡邊拿到 World Class 日本冠軍，前往希臘比賽那年，我正籌畫開設自己的酒吧。World Class 的挑戰，比起以往參加過的調酒比賽都還要多元，過往的失利經驗，讓我對複雜度更高的競賽類型沒有信心。

三年之後，在奈良飯店工作時期的主管宮崎剛志，於 World Class 拿到了世界第三。看著親近的兩人都在賽事中拿到好成績，LAMP BAR 生意也已經穩定，我邁出躊躇已久的步伐，於來年挑戰 World Class。

我在 2014 年第一次參加就闖入十強。決賽中有一項挑戰是速度競賽（Speed Round），在以往，我所熟悉的比賽模式都是以優雅為訴求的日式調酒，並不擅長快速出酒，我在這關卡中表現不理想，止步於此，卻已是那幾年最好的競賽成績。

有了這次的經驗，我相信自己能在賽事中走得更遠。接下來的一整年裡，我排定一週數天的練習計畫，在每天開店前與關店後各三小時，尤其在速度挑戰項目下足苦功。另外為了加強臨場反應，我設想所有可能發生錯誤的情況，像是掉器具或是加錯材料，進行模擬應對。

偶爾也在營業不忙時，我會將熟識的顧客當成比賽時的觀眾和評審，拿起調酒書隨手翻一頁，開始調製書上的調酒並介紹給他們。我不是一個天生善於面對人群的調酒師，為了表現自信，將理念完整表達，我透過反覆的練習，盡可能地精進每一個環節。

充足準備下，來年我不僅克服不擅長的速度挑戰，獲得該項賽事冠軍，其他項目也有好表現。另外三項競賽中，我拿到市場挑戰（Market Challenge）與經典改編（Classic&Twist）兩項冠軍，最終成績加總，拿下日本第一，得到前往世界賽的門票。

從外界角度看，是我經歷了前一年的挫敗，再次努力，進而贏得冠軍。但這一年回想起來並不簡單，基本上，在日本有許多酒吧都是一個人經營，當時 LAMP BAR 也是如此，由我一人打理開、關店，甚至還販售我親手烹飪的料理。

同時間，店面的租約也遇到問題，我白天得跑法院處理；搬遷至新址的過程中，所有設計與裝潢都要從頭開始；準備比賽期間，還迎來了第一個小孩，真是無法回想我是怎麼過來的。

不能取代的回憶

0 勝 40 敗，是我在贏得日本 World Class 冠軍前的成績。在準備比賽過程中，對於比例錙銖必較，不斷地從細節中調整，做得不好就調適好心態，迎接下一項賽事，一次又一次沒有贏得比賽的經驗，最終，成為贏得冠軍的珍貴養份。

但現在回想起來，那些個試酒到清晨的日子、輸掉比賽後跟渡邊的討論、回到家裡太太的陪伴鼓勵，不斷跌倒，再反覆站起來的過程，其實才是我最不能被取代的寶貴回憶。

突破更高強度的挑戰

拿到冠軍，到前往世界賽僅有兩個月。除了維持高強度練習，為因應充滿挑戰的賽制，這段期間我大量閱讀關於海外餐飲趨勢的報導，並抽空看食品科學及藝術書籍，培養在賽事中的臨場反應。

世界賽是一個完全不同的考驗，要跟每個國家最頂尖的調酒師同場競技。我到地球彼端的陌生大陸，在南非的四天賽程當中，一共要面對六項風格迥異的賽事。

首先，在速度調酒的關卡，我做了充足準備。為了模擬最真實的情境，賽前兩個月的訓練裡，都是使用真酒練習，在烈酒上的花費就超過六十萬日幣。最終不僅克服原先是弱項的速度調酒，風味上我也十分有把握。

在環遊世界挑戰（Around the World）中，需要做兩款雞尾酒，分別代表決賽舞台的南非與自己的國家。我用兩款威士忌堆疊創造了 The Beginning，蛋形陶杯與點火閃燃的視覺，寓意人類起源的非洲大陸；另一杯 Genesis 則代表日本，以龍舌蘭與清酒連結，添入帶有柑橘與洋甘菊的琴酒，呼應這款龍舌蘭的產地墨西哥哈利斯科州（Jalisco, Mexico）的國民飲料甘菊茶。

餐搭挑戰（Street Food Jam）的部分，要為善用香料的南非街頭美食創作搭配的雞尾酒。在日本，我先去吃過南非料理，決定以紅白酒為概念，用適合佐餐的酒精度，做出襯托食物本身風味的雞尾酒。現場公佈料理選項試吃之後，我選擇了鴕鳥肉漢堡和當地的燉菜料理，帶有辛香料感、模擬紅酒的雞尾酒搭配鴕鳥肉，濃郁的燉菜料理則以仿製香檳的調酒搭配，現場評審的反應都很好。

接著是連結過去與未來的挑戰（Retro, Disco, Future），需要設計三款雞尾酒，分別代表禁酒令、迪斯可年代與未來感的調酒，三款調酒分別要面對到不同的評審。

致敬禁酒令，我以傳奇黑幫教父艾爾．卡彭（Al Capone）喜愛的裸麥威士忌為基底，琴酒結合柑橘果醬，象徵當時因禁酒而產生的浴缸琴酒，看似風味複雜卻很易飲。Gary Regan 在品嚐後表示讚賞，主動給了我電子郵件，請我將酒譜寄給他。

在迪斯可雞尾酒的部分，評審是日本的前輩上野先生。迪斯可年代，流行的酒多具有華麗外觀，佐以利口酒或果汁增添風味，我以花束為發想，創造具有獨特外觀、更精緻的現代迪斯可飲品，最後點綴上櫻花苦精連結日本。

未來調酒，面對前世界冠軍 Tim Philips 的把關。用法國的伏特加搭配貴腐甜白酒，佐以自製香氛，創作象徵未來，回歸極簡、專注本質的雞尾酒。Tim 品飲之後，肯定地對我說，你會拿到世界冠軍。這時剩餘的賽事仍在進行，雖對讚美感到開心，卻仍對能否晉級感到不安。

由土地而生的桂冠

隨著前面賽事告一段落，殘酷的淘汰階段近在眼前，在主持人的召喚中，所有調酒師聚集在主舞台前，隨後逐一唸出名字，我成為踏上總決賽、參與最終關卡的六位調酒師之一。接下來選手要在 24 小時內，打造能代表自己特色的酒吧，除了以 Johnnie Walker 創作決勝負的酒款，要分別再準備 150 杯潘趣酒（punch）與 100 杯特調，於賽後提供給現場觀眾。

我從自身角度開始發想酒吧設計，道人，意指旅行的人，讓我聯想到 Johnnie Walker 邁出步伐的紳士標誌；蓬勃發展的品牌歷史，聯想到我身處的奈良，是日本史上第一個首都，同樣充滿歷史文化。以 Bar Travelling Man 為名，我將歷史、旅行與來自奈良的元素同時放入，吧檯設計在腦海中慢慢成型。白天，我在當地的古董市場，以比賽限制的預算購置裝飾物；夜晚則把握時間調整風味。

然而當日到了會場，才發現為比賽搭建的臨時牆面過於脆弱，無法支撐原先計畫裡，作為空間主視覺的古董鏡。臨場遇到突發的問題，在所剩不多的時間裡，著實令人沮喪！為了盡可能連結原先設定的歷史與旅行概念，我重新調整，把 Johnnie Walker 的紳士標誌與揚帆的船鑲嵌在牆上，將手提行李箱固定在人像手上，讓原先平坦的背板充滿立體感。

我播放黑膠唱片的爵士樂作為背景音樂。當評審坐上 Bar Travelling Man 的吧檯，我將威士忌倒入放有檜木和肉桂的壺中，賦予酒液更多木質調；滴上苦精，象徵旅人的探索步伐，並在杯身噴灑上肉桂香氛；最後以象徵歷史的古董書作為杯墊，杯旁附上浸泡過威士忌的檜木，有如擴香石一般，散發著香氣。

完成雞尾酒的當下，眼前一片空白，從總決賽開始準備到這一刻，我已經超過 40 小時沒有闔眼。我在心底對自己說：「Michito, keep walking!」結果如何，都不能取代旅程中的豐富收穫，不論是否贏得冠軍，我都已把內心想表達的，透過雞尾酒毫無保留地傳遞出去。

評審品評結束後，我放下心中的大石，準備著另外 250 杯雞尾酒給現場的慶祝派對。原本想把握旅程中剩下的時光好好享受，因為太過疲倦，是夜，我睡得很沉。

隔天，我作為決賽選手之一踏上主舞台，站在台上的時間感覺變得很緩慢，即使在現場的鼓譟聲中，我仍清楚聽得見自己的心跳聲。上屆世界冠軍 Charles Joly 打開手中信封，唸出我的名字，隨後將冠軍獎杯遞到我的手中。我想，多數人在這種時刻都沒辦法馬上反應過來。直到被眾人抬起歡呼，我才意識到自己真的贏得世界冠軍。

舞台上呈現的雞尾酒，是對孕育我成長的土地感念的結晶。過程中，我分別使用了來自奈良的黃檜、櫻花與茶具，承裝 The Beginning 的陶杯，是由藝術家父親特地為我親手燒製。與土地的連結，最終帶領我走向冠軍。

我是一名調酒師

作為一間酒吧的負責人及調酒師，吧檯一直是我每天所處的真實舞台，從根本上做好每處細節，讓顧客喜歡上我所創造的空間、氛圍及雞尾酒。比賽只是職涯中檢視自己的方式之一，不是終點。

即使贏得冠軍之後，國際邀約接踵而來，需要久待海外的合作我都會推掉。在 LAMP BAR，安中和高橋兩人都是足以獨當一面的調酒師，但排班上我不會因此倦怠，仍跟他們一樣是月休六天，如果當月有海外活動，必須休超過，我會在下一個月班表裡把欠的班補回來。為我而來的顧客，已經成為一種必然的連結，而我以一名調酒師的身份，活躍在他們面前。

對我而言，調酒師的價值不是來自於比賽成績的肯定，真正決勝負的地方，其實在你我的吧檯前。日復一日，做到得宜的服務，調製好一杯雞尾酒，就是眼前顧客心目中獨一無二的冠軍。

Kaneko

關於
雞尾酒

我們所堅持的

Ice 冰

Kaneko：
LAMP BAR 的冰塊，跟提供給冰室神社（冰室神社，奈良境內祭祀冰神的神社），進貢給神祇的冰塊是一樣的。這樣的冰磚製程要 72 個小時，品質非常好，一般日本國內所使用的冰塊製程為 48 小時。

製程越緩慢，冰塊的結構越紮實，一開始挑選這麼好的冰塊，是考量到讓威士忌減緩融水。使用在雞尾酒上，可以讓帶有冰塊、風味細緻的調酒最佳飲用時間延長。

Takumi：
The Sailing Bar 是叫巨大的冰磚來分切成各種尺寸，調酒師將其切至方便收納至冷凍庫的大小，接著再個別拿出來，切成給威士忌或古典雞尾酒的鑽石冰、給 Highball 的條冰，以及給攪拌雞尾酒使用的大小。

搖酒用的冰塊則是用製冰機，使用當天會移至冰箱保存。經過調整後，可以提供合適的融水，另一方面，也比較節省成本。

Kaneko：
我有兩個冷凍庫。一個冷凍庫溫度保持在攝氏零下 20 度，是平常保存冰塊的冰箱。另一個則是當天要使用的冰塊，有三層，擺放 Highball 條冰跟威士忌方冰的一層，溫度控制在零下 5 度；保存搖盪冰塊的一層，溫度略高於零下 5 度；最底下一層用來保存雞尾酒裡會使用到的碎冰。

搖盪用冰塊是由廠商分切，3 公分見方的尺寸。不論是條冰、方冰或者搖盪用的，控制在零下 5 度其目的是避免注入液體時溫差過大，反而造成冰塊碎裂，不僅不美觀也影響飲用。

Takumi：
我也是分成兩個冷凍庫，用來保存冰塊的冷凍庫是零下 20 到零下 16 度，當天使用的冰塊，會移到零下 10 度的冰箱。一樣的原因，是讓融水比較快，也確保冰塊不會裂開。

Kaneko：
有些日本酒吧，會有洗冰塊的動作，還是要依個別酒吧的條件來判斷。LAMP BAR 使用的神社冰塊很純淨，送過來之前也已經洗過了，所以不會洗。如果冰上有霜，就用刀削除，再者，若在冰塊溫度很低的時候洗，容易裂開；攪拌用的冰塊，則會在使用前用水洗過，讓它比較好融水。溫度在零下 2 度到 0 度之間的冰塊，洗了是不會裂掉的。

Glassware 酒杯

Kaneko：
蒐集杯子是我的興趣，平時看到漂亮的酒杯就會買下來，尤其收藏了非常多古董杯，實際在吧檯上使用的還有二十世紀初期的水晶杯，畢竟買了就是要用。

威士忌杯的選擇上，主要以 Baccarat、Saint-Louis 為主，而高腳雞尾酒杯型，因應日本雞尾酒的發展，如木村硝子等日本國內品牌，都有非常高的品質，也有 Riedel 與 Lehmann 的手工杯型。

我在測試雞尾酒的時候，統一使用紅酒杯型進行品飲，可以聚集香氣，能更精準地設定風味。在校正雞尾酒上，葡萄酒杯絕對是最佳的選擇，好不好喝就是另外一回事了。接下來，配合空間、氛圍、酒背後的故事以及體驗，在接近設定的風味後，就會替雞尾酒找合適的盛裝杯具。

杯子只能手洗，反覆使用洗杯機，長期下來會對杯具造成無形的疲勞性傷痕，減損杯具壽命。擦杯需進行兩次，第一次將濕杯擦乾，乾了之後再進行二次擦拭，確保沒有水痕。

Takumi：
The Sailing Bar 有設定酒杯品牌，除了是調酒師外，我也有國際侍酒師執照，紅白酒杯根據酒款，使用不同類型的 Riedel 手工杯，雞尾酒杯則以 Baccarat 為主，不論是何種杯型都給人深刻印象。也有準備特殊杯具給重要顧客。

酒杯之於調酒，影響最多的是厚度，越薄越好，水晶杯的導熱又比玻璃杯快，客人飲用雞尾酒就口的感受溫度會更低；杯口越寬，接觸到味蕾的面積也就比較大，能更好地感受到酸的風味。

Knives 刀

Takumi：
大型冰磚送來時已經有三道切痕，會先用西瓜刀分切，接著換較小的長刃刀切成適合切方冰和長冰的尺寸，最後再用厚刃型的刀具精修稜角。

Kaneko：
LAMP BAR 有十把以上的刀款，主要使用四種。薄刃的主廚刀用在果皮初步的處理，主要在開店前備料使用；小把的果雕刀在吧台工作時靈活性更高；切冰塊的是一種稱作出刃庖丁的刀型，在日料中專門切魚頭，刀身較厚，吸熱快，實務上易於分切冰塊，另需挑選硬度較高的鋼材減緩刀刃耗損。

Garnish 裝飾物

Kaneko：
沒有影響風味的裝飾就是 decoration，對調酒味道產生影響的才可以被稱作是 garnish。

Takumi：
十年前在日本並沒有這種概念，有時候調酒師會做無意義的過度裝飾，近年來裝飾物與酒的風味連結度變高不少。

Kaneko：
裝飾物的香氣可以幫雞尾酒加分，擺放的位置也要仔細設計。

Takumi：
裝飾物要跟調酒的相性結合，要像是「兩者是彼此的唯一」才行。

Shakers 搖酒器

Kaneko：
LAMP BAR 常用的有四種搖酒器，其中三種為金屬材質。最小的三件式是用來快速出單的，降溫速度快；BIRDY 搖酒器內裡的金屬紋理是縱向的，冰塊滑動速度較快，融水量較少，專門用來調基酒為白色烈酒、有柑橘香氣的雞尾酒；OBT 搖酒器內部紋路是橫向的，相較 BIRDY 融水略多，一般用以調製深色烈酒的；塑膠材質的則是調製果汁類的調酒，降溫慢可以搖盪更久，打入更多空氣，另外這類型的調酒如果過冰，香氣會鎖住，就不知道在喝什麼了。

Takumi：
前陣子很流行在搖酒器外面鍍銀或鍍銅，LAMP BAR 的 OBT 三件式就有鍍銀，銀跟銅導熱速度快，搖盪時可以更快感受內部冰鎮的程度。

BIRDY 的搖酒器雖然減少融水，但重量略重，略寬的杯身不好拿，不便於搖盪，再者，冰塊的滑動速度太快，沒辦法注入氣體產生綿密泡沫，口感也不太對；The Sailing Bar 使用的是重量很輕的搖酒器，這是配合店裡冰塊環境，經過測試最佳的選項。

搖酒器的選擇，還是得根據調酒師經驗跟冰塊條件去做調整，不是一味追求貴的就是最好。

Temperature 溫度

Kaneko：
冰杯是對雞尾酒最基本的尊重，錯誤的溫度會讓雞尾酒失去靈魂。

攪拌杯（mixing glass）也會進行冰鎮，讓攪拌杯的溫度貼近冰塊與酒液，保持在穩定的狀況下，在調製時就會比較好掌控。

Takumi：
在 The Sailing Bar 搖酒器和攪拌杯都會放進冰箱，這樣調製時只需要降低酒液溫度，減緩融水更快達到冰鎮的效果。

Kaneko：
補充一點，LAMP BAR 在夏天時，冷氣 24 小時都會開著，也是為了讓擺在店裡的威士忌能保持在較為穩定的溫度下。

Takumi：
The Sailing Bar 有數個專業的紅酒酒櫃，儲放不同條件的紅白酒與香檳。常用的調酒用烈酒存放於略高於零度的冰箱，目的如前述，減少器材、材料與冰塊間的溫差。

另外室內儲放了很多威士忌，所以在裝潢時下了一點巧思，牆壁內有一層類似保麗龍的材質，讓室內溫度的變動遠小於室外。

Citrus 柑橘

Takumi：
柑橘類水果的保存環境要維持在一定條件下，過度成熟的檸檬酸度會下降，香氣也比較不足。我在調酒實務上只使用當天新鮮榨取的，

隨著消費習慣的改變，葡萄柚用量減少了，萊姆、檸檬還是很重要，不過，現代調酒也開始採用像是檸檬酸與蘋果酸等化學酸，說不定未來，產業內也會降低萊姆和檸檬的使用比例。

Kaneko：
調酒師是風味的守護者，隨著季節更替，萊姆的酸度會有差異，每天開店備料時，萊姆汁的味道會由當班調酒師進行校正。

夏日，萊姆汁使用進口的墨西哥萊姆與日產檸檬混合，進口萊姆酸度較高，添加溫和的日產檸檬平衡風味；到了冬天，則是使用日產萊姆即可。

我也在和歌山的果園，認養了葡萄柚樹和橙樹，會由果農親手摘取熟果後當日直寄，店裡使用的葡萄柚和柳橙，就是從這些樹上採下來的，雖然成本較高，但可以要求農夫以有機未撒農藥的方式栽種，在大量使用果皮裝飾的雞尾酒裡，確保食品安全。

Tips 小技巧

Kaneko：

在創作調酒上，我常使用風味圖對應（flavor mapping）的概念：以基酒或主要材料為出發點，去繪製風味輪，選擇合適的素材進行組合。

舉例而言，為比賽設計雞尾酒，勢必要圍繞在指定基酒上，可以在紙上寫下該酒款的品飲紀錄，從中找出一項想要去發揮的風味，例如蘋果，接著翻閱風味搭配書，繪製與蘋果適合搭配的風味輪，透過挑選與蘋果具有良好相性的風味，如煙燻、奶油、焦糖，就可以快速找到跟基酒具有連結的材料，再來進行試調。

透過 flavor mapping 探索風味組合，可以減少盲目嘗試的次數，將主題圍繞在指定酒款上。

Takumi：

海外調酒師常會有個誤解，就是日本流行的是硬搖盪（hard shake）。其實大部分日本調酒師主要還是以柔軟的快速搖盪（snap shake）為主，利用手腕帶動搖酒器，進而達到混合。

透過 snap shake，液體在搖酒器內有效率地流動，冰塊不會與搖酒器內壁產生過多碰撞，除了達到降溫的目的，也會注入綿密的空氣，帶給酒細緻又飽滿的風味。

在攪拌的部分，我會放慢轉速，目的是避免快速攪動將空氣帶入液體中；同樣的，成品倒入雞尾酒杯時，使攪拌杯口貼近液面，緩慢倒入，這兩個環節都能帶給攪拌類調酒更醇厚的口感。

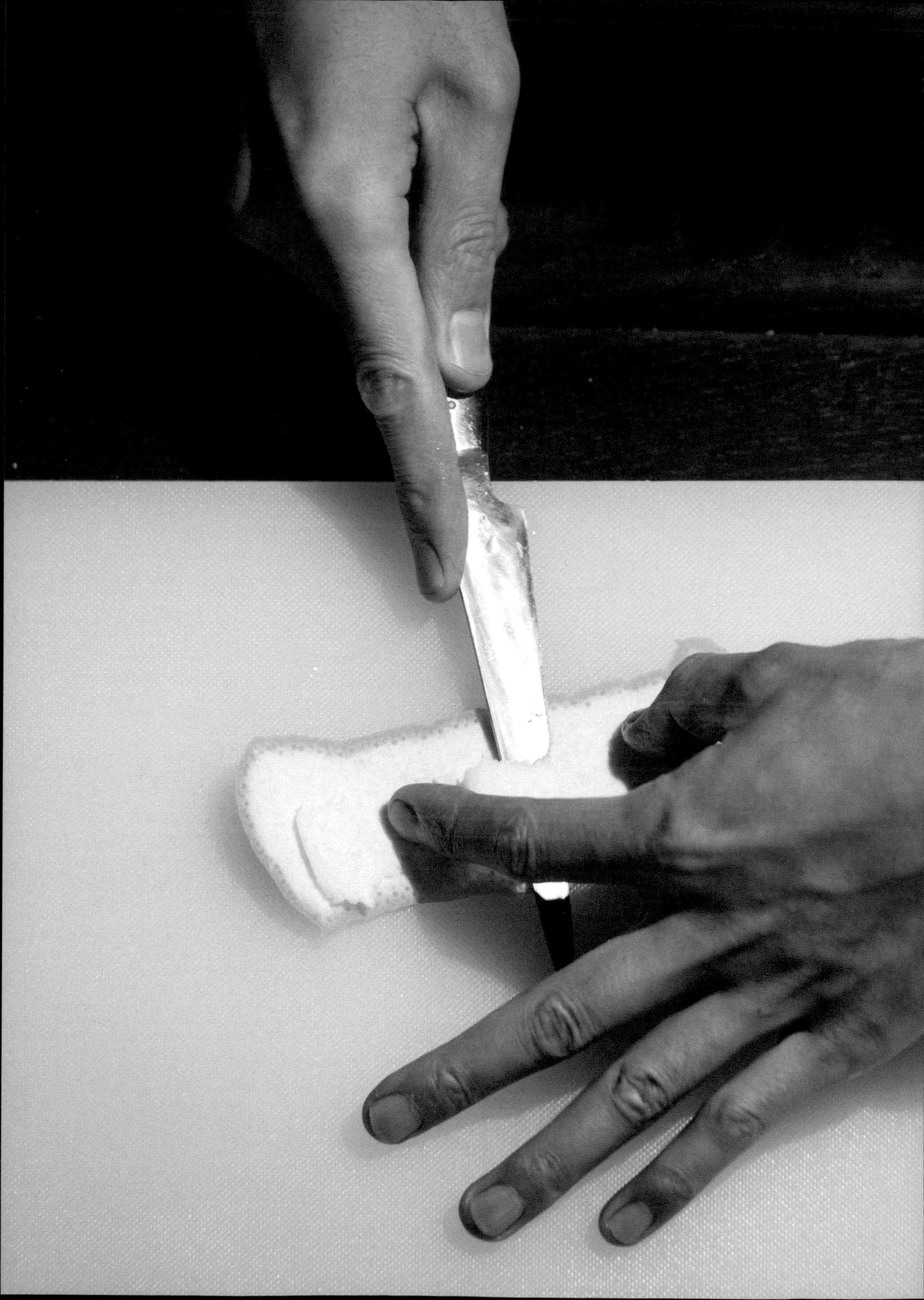

打　開

亞洲雞尾酒的大門

► 金子道人 X 江口明弘

渡邊匠 X 鄒斯傑

金子道人 X 黎振南

渡邊匠 X 後閑信吾

金子道人 X 姜琇真

AKI EGUCHI

江口明弘，新加坡 Jigger&Pony 與 Gibson Bar 酒吧項目總監、Japanese Sake Vermouth 共同創辦人。

2011 年、2012 年 World Class 新加坡冠軍。

2006 年起任職於新加坡多間酒吧，最終落腳 Jigger&Pony。

當時為了準備 World Class 世界賽，金子道人前往新加坡 Jigger&Pony 考察，到日後於 Gibson Bar 開啟了與江口明弘之間的活動合作。兩位非常前衛的日本調酒師之間的相遇，似乎註定就是會一起玩出些什麼有趣的事。

Kaneko：
是在四年前，也許是三年前開始的。那時候江口邀請我加入 Gibson Bar 特別的酒單設計。一共有五組跨國調酒師組合，我和江口分在一組。

江口跟我都是日本人，以我成長的城市奈良來說，是歷史上日本的第一個首都所在，也是文化之都，文化意涵的傳承這件事情對我來說很重要。能跟江口一起，將日本素材放入調酒中，讓海外消費者認識日本的飲食文化之美，是很榮幸的一場合作。

Eguchi：
從 15 年 World Class 開始，金子快速地聞名於國際調酒圈，我看到的他，沒有因為冠軍自滿而停下腳步，他仍謙虛地在世界各地展開講座，分享知識與帶有個人標誌性日式文化的雞尾酒概念。

這也是為什麼我第一個想到金子，邀請他成為 Gibson Bar 這個跨國合作項目的一員，我迫不及待跟他合作看看。事實證明我們一起完成的調酒非常成功，當天現場的消費者都成了他的粉絲。

活動的反應實在太好了，之後也作為當季 Gibson Bar 的酒單，販售了半年。

Kaneko：
活動比我預想的還要熱鬧，我在 Gibson Bar 客座的期間一直座無虛席，也有不少站著的消費者，手沒有停過。

當下收到很多新加坡調酒師和消費者的回饋，除了對雞尾酒的讚美外，也問到調酒裡面的香艾酒 (vermouth) 是否有販售，只能可惜地說沒有。在當下，我完全沒有想過日後會有將香艾酒商品化的一天。

Eguchi：

這個跨國合作計畫有獲得 Tanqueray 的贊助，在這個基礎上，我們當初的想法是要做一個 Martini 的改編，用簡單的方式呈現風味，去思考能不能去創造代表我們成長背景的雞尾酒。

我們多次在視訊中腦力激盪，在活動中使用的香艾酒最後委由金子在日本完成，然後活動前他提前幾天抵達新加坡，一起修正出最終的調酒風味。

為什麼要自己做香艾酒

Eguchi：

像是在 Gin&Tonic 這件事情上，有些消費者會說我要一杯 Tanqueray No. TEN 或 Hendrick's 的 Gin&Tonic；進階的消費者與調酒師，則更進一步地重視到通寧水不同所帶來的差異。舉 Fever Tree 為例，他們出了多種口味的通寧水來滿足市場對風味的追求。

就我的觀察，許多調酒師在調製 Martini 時，非常重視琴酒的選擇，但是對於香艾酒帶來的風味影響思考比較少。

新加坡是一個很成熟的雞尾酒市場，以 Gibson Bar 的角度來說，我們有很多對調酒有所追求的消費者，想辦法做出顧客沒有品嚐過的風味，成了我的責任。

市面上沒有你們想要的香艾酒，那你們想像的風味是什麼樣子

Kaneko：

其實有點難想像，我也是第一次做這件事情。出發點很單純，為活動設計雞尾酒的當下，就是想帶來一款能代表日本的雞尾酒，除了日本跟清酒的連結外，也因為清酒真的很好喝，那就先動手做做看再說。

開始做之前，並沒有預設一定要以清酒為基底，本來只是想做出最好的味道，將日本的元素與風味做到調酒材料裡，沒想到意外地順利。

Eguchi：

原本香艾酒就是在葡萄酒中加上乾燥香料的加烈酒。也許香艾酒誕生一開始的出發點就是將日常生活中的酒添加些香料風味吧，所以我們就試試看一樣是發酵酒的日本清酒作為基底，表現出日本在地草本素材的調性。

Kaneko：

在商品化這件事情上，我想要的是將源自日本、跟我生活息息相關的原料，把日本之美，透過一杯結構簡單的調酒，像是 Martini 與 Negroni，讓消費者即使不用來到奈良、來到 LAMP BAR，也能體驗到我想傳達的心意。

Eguchi：

做好一杯 Martini，技術很重要，琴酒也很重要，但在雞尾酒裡每一個環節都不能被忽視，尤其是結構越簡單的調酒。所以調酒師除了選擇相對應的琴酒，務必考量到香艾酒對調酒的影響。我們做出來之後，也證明了清酒乾淨的調性與飽滿酒體的確很適合運用在雞尾酒裡。

作為基底的清酒怎麼挑選

Kaneko：

我對奈良在地的酒廠跟素材很熟悉，畢竟從小到大我都在這裡成長發展。

在奈良，有一間我熟識的清酒廠，老闆倉本隆司跟我還有江口是差不多的年齡，我們聊得很來。當我跟他提到想實現從日本為出發點，以清酒為基底製作香艾酒這概念時，我們一拍即合，便一同開啟了這個計畫。

Eguchi：
為了日本清酒香艾酒的商品化計畫，我也多次前往奈良，與金子到訪酒廠數次。在新加坡，清酒的選擇沒有這麼多，而且在商品化後的未來，材料的採購會牽扯到很多其他問題，能自己掌握風味跟製程是很重要的。

Kaneko：
清酒裡，根據酒的殘糖量會有分甘口與辛口不同類型，口感也會因清酒本身酸度，讓人感受到不同甜度。我並沒有預設清酒的風味，而是直接透過數度到訪酒廠，面對面跟倉本討論並試飲，挑選出風味平衡但明亮的清酒作為基底。

當然這也牽扯到後續添加素材後能不能保有原本選擇的清酒調性，在反覆實驗多次後才成功獲得想要的風味。

商品化的開端

Kaneko：
從 Gibson Bar 活動後到正式商品化之前，LAMP BAR 一直持續販售著以當初香艾酒版本調製的雞尾酒，畢竟是完成度非常高的產品，味道我也很喜歡，消費者對於清酒用到調酒中表現出乾淨明亮的風味感到驚訝。

這段時間，有不少調酒師詢問過關於這款香艾酒是否有上市的計畫，後閑（Shingo Gokan）也曾經詢問過，然而我並沒有這方面的經驗，所以遲遲沒能啟動。

Eguchi：
補充一下，應該是在 18 年底，我們兩個跟大竹（Manabu Ohtake）還有後閑一起去菲律賓旅遊，地點在宿霧，算是一趟放鬆之旅。

Kaneko：
對對對！我想起來了！那是一趟我們私人的旅行，意外促成了清酒香艾酒商品化的誕生。

大竹前輩說，如果能用季之美琴酒跟清酒香艾酒調製 Martini 一定很棒，希望我們能完成這件事情，創造屬於日本的香艾酒，當下有種被前輩肯定的感覺。

商品化過程的努力

Kaneko：

比較辛苦的部分其實取得製造許可，畢竟身為調酒師，生產酒可以說是完全陌生的領域。

我和江口一起蒐集了超過三十種日本的在地素材，反覆組合與嘗試，現在採用在香艾酒中的材料約有十種。

與在 Gibson Bar 客座使用的香艾酒配方相比，是有經過調整的。一個重要的原因是作為商品，比起自製材料需要有更長的保存期限，風味也需要可以穩定維持很長一段時間，這跟平常調酒師自製材料思考的角度會有點不同。當然，作為給調酒師使用的素材，我希望這款香艾酒能更泛用在各種調酒裡，江口為此多次來到奈良，進行配方的調整修正。

目前已經順利取得生產執照且通過各種檢驗，可以在日本國內的網路上買到，也持續收到良好的反饋。

另外在日本，出口販售有更加嚴格的標準，所以需要法人化，創立一個新的公司，來解決更多的問題。現在正在為來年可以銷售到海外做各種準備當中。

關於外觀設計的想法

Eguchi：

我最在意的，其實是酒標的設計能不能傳遞出日本的意象。

酒瓶的部分倉本有給我們建議，最後和金子討論出最符合我們需求的版本。

因為清酒內的氨基酸跟維他命在光線照射下，會跑出預期以外的味道跟苦味，所以挑選了深色的酒瓶遮蔽紫外光。

Kaneko：

酒瓶的設計是以紅酒瓶為概念，我想要能做到東西方融合的感覺：具有日本意象的酒標，連結西方的紅酒瓶。

清酒香艾酒的運用

Eguchi：

跟柑橘類的風味，以及各種水果都很搭配，尤其可以嘗試看看調製成 Spritz。畢竟是基底是清酒，風味上非常優雅，辛香料的調性平衡也做得很好，所以純飲就很好喝了。

如果將香艾酒作為主要的材料，做一些低酒精度、像是 Bamboo 這類型的調酒，或者拉高香艾酒的比例，調製

White Negroni 都很適合。其實任何加香艾酒的調酒，都能和這款清酒香艾酒做替換嘗試看看。

Kaneko：
一開始的風味便是針對 Martini 進行設計，所以當然是推薦使用這款香艾酒調製 Martini。搭配選用日本在地素材的琴酒，可以達到良好凸顯風味的作用，像是季之美或 ROKU Gin 等。

另外在 Gin&Tonic 裡面加入 10 毫升的香艾酒，辛香料的氣息能帶來更悠長的尾韻。跟日本威士忌也可以起到很好的搭配效果。

Eguchi：
在調酒裡當然是用越多越好，畢竟這是一款純飲就很好喝的香艾酒。

我很想這樣講，不過誠實來說，還是要注意風味的平衡。

調酒師與製酒師間的心境轉換

Kaneko：
身為站在吧檯內的調酒師時，相對單純，只要挑選對材料調成好喝的調酒。

但是作為一個酒的生產者，不論是商品化的過程，還是市場營銷，都有很多要考量的。除了要顧忌到酒本身好不好喝之外，還要去思考酒瓶在吧檯實務上好不好拿、在行銷上能不能正確吸引到目標族群。

Eguchi：
我仔細想一想，調酒師也是一直在進化，要做許多自製的材料乃至於不斷地學習新的知識，不斷追求進步，根據消費者的需求，選擇素材運用合適的技術，做成滿足市場的風味。

對於身為品牌的創辦人，心境上並沒有什麼太多的改變。我是以一個調酒師的身份去思考，其他調酒師會需要的需求是什麼，會想要將什麼樣的味道放到調酒裡，這正是在這樣的想法下所誕生，一款為了調酒師而設計存在的香艾酒。

現代調酒師該嘗試的各種可能

Kaneko：

跟過往的日本調酒師比較起來，我跟江口兩個人的風格比較不受束縛，當然，日式風格的傳統雞尾酒我們也都擅長。我認為現在國際化是很重要的，當代的雞尾酒面貌更多元了，不能一元化定義調酒師這個職業，要找出自己適合的角色，適性發展。

和我學調酒的時候比，現在跟以前太不一樣了。對於年輕的調酒師跟我自己來說，我覺得怎麼樣表現出自己的特質更加重要，競賽舞台、社群網絡和國際交流，能表現的方法太多了。

Eguchi：

現在調酒師的自由度變高了，風格也更多面貌，已經沒有什麼是調酒師不能做的事情。所以對於現在年紀比我們小、新一代的調酒師來說，能做就去做，不用去拘束於以往調酒師的工作內容與框架，要勇於嘗試新的可能。

調酒師基本功變得不重要了嗎

Eguchi：

在現代，本人的意願比較重要。想成為什麼樣的調酒師要當事人自己去思考。

每個人本來就不是一樣的，不是每個調酒師都變得跟我一樣比較好，有不同類型的調酒風格，能激盪產生更多火花。我看到某些年輕調酒師，雖然沒有經歷到傳統調酒技術的長時間磨練，但他們提出了不少有趣的新想法，並在業內扮演著重要的角色，持續影響著產業。

這款香艾中除了清酒，還使用日本在地的黃檜、柚子、牛蒡與魁蒿，能把日式食材、在日本製造的東西，透過喜歡的酒帶往世界真是太好了。

但如果要來我的店裡工作的話，基礎要先學好。

Kaneko：

我認同江口說的話。

每一趟海外的工作，除了客座與教育年輕的調酒師之外，其實我也從世界各地的調酒師身上學到很多。多樣化的調酒風格對產業帶來的洗禮是好事。

有想法對現代調酒師來說固然重要，如果能結合扎實的基本功，在對於創造新的主題是有幫助的，請不要忽視傳統調酒技藝能帶來視覺與風味上的加分。

JAPANESE
SAKE
VERMOUTH

COCKTAILS ON TAP
DRAFT LAND

ANGUS ZOU

鄒斯傑，Drinks Lab 共同創辦人，擁有酒吧 Draft Land、Testing Room、Daily by Draft Land。Draft Land 現有香港與曼谷分店，東京與新加坡籌備中。

2010 年 World Class 台灣冠軍。

2005 年自 Barcode 開始調酒師生涯。2012 年創立台灣第一間 speakeasy 酒吧 Alchemy；2018 年創立亞洲第一間汲飲式雞尾酒吧 Draft Land。

Angus 將原本屬於夜晚的雞尾酒帶到白晝；Takumi 則將調酒裝入瓶中，讓專業調酒師的手藝走入生活。想要喝到好喝的雞尾酒，不再需要穿著正裝，擠進深夜裡的小酒館。

Angus：
World Class 世界賽渡邊和我都來自亞洲，在雞尾酒上有比較多共通文化語言，一見如故。結束後我們一直保持聯繫，我到東京舉辦講座時，特地到大阪跟渡邊交流，那時候他就像個大哥哥一樣照顧我，也來台灣拜訪我。

雞尾酒與你

Takumi：
調酒是我表現自己的方式，也是建立人與人之間連結的方法。三十年的調酒師生涯，雞尾酒已經成為我生活中理所當然的一件事。

Angus：
雞尾酒是生活、事業，也是我這個人的一部份，我很難以一個具象的東西去形容雞尾酒。雞尾酒是一種手法，我能將自己的語言、想法放在其中，透過雞尾酒把人跟人拉在一起，也是與調酒師之間對話的媒介。

雞尾酒隨著作用的對象會有不同的念想，可以輕鬆，也可以深入，可以單純也可以複雜，重要的是我們想傳達的是什麼，而雞尾酒會隨著這些理念變化。

新視野的開啟

Angus：
世界賽因為分組競賽，從頭到尾都沒有跟冠軍 Erik Lorincz 同場競技，所以我很疑惑，不知道差距多少、自己的能力又到哪裡。當時國國內業界有的資訊、做的東西都差不多，看不到什麼新東西。World Class 造就我對海外文化的探索，去了解台灣以外的雞尾酒世界長什麼樣子。

比賽結束後，我就自費飛去參加首屆的倫敦雞尾酒週（London Cocktail Week）。在那時認識了 Antonio，兩個人一起坐在攝氏五度的倫敦公園裡，吹著冷風、吃廉價三明治，經歷困苦，就是想要在這座城市裡學點東西。也是這時，我拜訪了 Marian Beke，後來帝亞吉歐請我邀請國外調酒師，我就找他來辦講座，隔一年則帶了 Steve Schneider 來，把當時全球性的雞尾酒浪潮引進台灣。

在倫敦，我見識到的是型態、思維、技術、背景和呈現方式，都和台灣不一樣的雞尾酒文化，那一陣子我在調酒這件事上急遽轉型。10 到 13 年也是國內產業轉變的時期，因為 Marian Beke，大家才開始使用量酒器，不然除日式酒吧外，調酒師都以自由倒酒（free pour）為主，我參加 World Class 台灣賽時也是如此。

Takumi：
我的感受和 Angus 一樣，在世界賽時看到很多不同的技術，才體會到自己擁有的是日本風格的技術，而世界上還有各種不同調製雞尾酒的標準與手法。回到日本後，除了繼續探索海外的技術與知識，也透過巡迴日本的講座，向業內介紹海外的產業趨勢。

2013 年我到瑞士進修，當時的講師是 Alex Kratena。他擅長表達，在講座中探討到調酒師該怎麼行銷自己，包括如何透過網路社群建立個人形象，那時候啟發了我很多。畢竟在那個時期，亞洲調酒師還停留在精進技法、如何做好服務的階段，比較不會去張揚自己做了什麼事。

當代調酒師的養成

Takumi：

調酒師的養成，台灣和日本的角度不太一樣。相較於台灣，日本雞尾酒吧的消費族群年齡較大，對調酒師來說，要同時經營年輕與年長客群不是容易的事，普遍來說，專業雞尾酒吧裡的客人，更信賴資深調酒師能帶來好的雞尾酒。從調酒師端來看，日本至今仍有許多人以職人的心態去面對其職業，立志一生就做一份工作，無論遇到何種困難都不會改變。

但過去十年裡，日本的雞尾酒市場開始發生改變，不僅有外國調酒師在日本開設酒吧，也有年輕調酒師從歐美歸來開店，透過社群的經營，在生意上帶來很好的成績，帶動更多年輕人走進酒吧消費，在產業中注入活水。

現在年輕人獲取知識的方式和以前不一樣，會從其他領域去發展自己的能力。像是調酒師會從茶、咖啡與餐飲業中找尋不同的想法，試圖將產業與產業之間連結起來，我認為這是件很棒的事。身為調酒師，以更廣闊的視角去發展雞尾酒的應用，像在 fine dining 中導入完整的雞尾酒餐搭，或發展瓶裝調酒與線上教育課程等，我認為都是好事。

現在的調酒師更懂得運用社群，不論是學習或是行銷自己；基本功則是這世代年輕調酒師入行時所忽視的。潮流的轉變很快，像是幾年前分子調酒也有一陣子熱度，或者更早之前的花式調酒，我們不確定新潮流到底能持續多長的熱度，所以把基本技法磨練好，面對產業變化時就能盡快適應。

Angus：

這十年變化很大，我跟渡邊可以說是站在交叉路口上。我 08 年開始使用 Facebook，當時資訊的傳播量快速增長，在那之前，調酒師的養成靠口耳相傳。我們兩人都經過那個單純年代，透過書籍與實地走訪去學習新知，甚至為了喝一杯酒就買張機票飛出國，年輕世代可能無法理解，更別說走我們走過的路。身為老闆，現在我們也不可能花十年去教育一個人。

網路世代裡，年輕調酒師獲取知識的方

式與速度都不一樣了。我認為各有各的優勢，或是說，呈現出不一樣的樣貌。不過土法煉鋼有土法煉鋼才能看到的風景，不僅只是獲得知識這麼簡單。

資訊爆炸讓世代更迭變快，可能兩年我們就能感受到巨大差距。我沒有去想調酒產業的未來會是什麼樣，或是大家應該要怎麼樣，我比較多在思考的是，我們存在的意義是什麼？可以是職人精神的體現，可以是一門生意，也可以是生活的方向。

日本人可能多是前者，鄰近的台灣在耳濡目染下，可以理解職人精神，但是我們的市場是否有給予這種精神存在的條件？如果沒有，為了成為職人而成為職人，會不會反而把自己的路給走死了，這是我一直都在問自己的問題。

我從 Alchemy 到現在歷經很多轉換，我站在台灣的市場看事情，這個市場在長出新的型態，台灣的調酒師也的確比較多元，說白一點，就是蠻皮的。站在職人的角度想，可能會認為有點投機，但我認為沒有不好，站在世界的視角去看的話，每個城市都會發展出擁有自己面貌的調酒師，所以我一直在想台灣究竟會長出什麼樣子的調酒師。

我認爲台灣到現在都還在摸索，我們不像日本已經花了五、六十年在發展雞尾酒產業，台灣一直都在找自己，我現在也還在找自己。這幾年我找到一個方向，就是雞尾酒生活化，這是讓調酒產業存活下來很好的方法：讓雞尾酒變成需求。對於大部分的人來說，雞尾酒不是必需品，人們在生活上的選擇實在太多了，如何讓雞尾酒被需要，讓非業界的人也能理解我們在做什麼，就是我近三年在做的事情。

跟消費者對話，創造容易理解的場域讓大眾進入。我想已經有其他調酒師看到我的理念，也有人受到影響，這些事我無法控制，但只要繼續去實踐這些我們相信的事情，就會有人跟上來，過程中也會有新的路長出來，或許就可以讓調酒產業變得更加多元。更多元，就能創造更多未來的可能性，這是我的信念。

瓶裝與汲飲，調酒師的雞尾酒生活化

Angus：

疫情當下，渡邊的瓶裝雞尾酒與 Draft Land 在做的事，其實有異曲同工之妙。重點就是，我們如何在這樣的狀況下讓雞尾酒延續下去，思考在沒有酒吧空間、沒有調酒師的狀況下，雞尾酒的存在意義為何。

必須有一個傳達訊息的管道，不會因為酒吧關閉就消失。當然可以選擇販售瓶裝雞尾酒，但每個國家的法令都不太一樣，所以其實各地的調酒師都一直在思考中。

消費者不是因為 draft（汲飲雞尾酒）才買單，消費者需要的是更多資訊，像是調酒師、比賽名次、客製化、器材、手法等，這些東西才是大家走進酒吧的原因。做 Draft Land 其實是一種賭注，我做這件事的優勢在於，背後有一個品牌支撐。再來，要站在消費者端去思考，為什麼消費者會買單？哪些消費者走不進一般的酒吧？我們在這些事上做了很多研究，從活動、設計、行銷等管道建立連結，才能讓大家理解我想做 Draft Land 的理念：雞尾酒生活化。

回到雞尾酒本身，沒有過度包裝。18 年有外媒採訪我，標題是「No Garnish, No Bullshit」，那陣子海外的同行都開玩笑稱呼我為 Mr. No Bullshit、Mr. No Garnish。這樣做其實是有點叛逆的，我以前也做過有很多裝飾物的雞尾酒。雞尾酒圈這十年來的風潮變化很大，從過度表現，到現在追求極簡的狀態，現在我想拿掉我覺得不重要的東西。並不是說裝飾不重要，裝飾物是對的東西，但過度的就是不必要。

如果雞尾酒對我們來說是生活，那就不會需要過度的包裝，它會很簡單。這也是為什麼調酒師出去總是喝 Highball、Gin&Tonic 的原因。對調酒師來說，也對所有人來說，去酒吧是因為人、因為氣氛、是因為需要。

所以 Draft Land 的重點就在於，讓雞尾酒回到最單純的狀態，沒有要訴說什麼事情。因為團隊、氛圍，各種微小要素我們都做到位了，才讓 Draft Land 成立，不是因為汲飲很酷所以成功，相反地，在消費者對雞尾酒的既定印象下，汲飲雞尾酒是很大的挑戰。

Draft Land 是我達到目的的行為與手法，我希望消費者來到這裡是因為直覺、因為習慣，所以做汲飲雞尾酒。去年我在幾個品牌上投注心力，都是為了讓生活化這件事有不同的發展，Draft Land 是達成目標的其中一個方法。接下來還會有很多不同樣態與氛圍的店出現，因應不同的品牌，會有不同的思維。開店要有理由，不是因為很帥或是為了賺錢。所有品牌在成立時，都有一個目的想要達到，在市場、消費者、要延續下去的產業上創造需求。我不會不想開一間米其林餐廳，我們團隊絕對有能力，但這不是我現在該去追求的。

Draft Land 是接下來計劃中的一小部分，還有其他品牌在進行中，重點是找到存在的意義，品牌、團隊與雞尾酒都要更多元，才有機會生存下去。我不排斥做任何事情，但也不是想要做就好，要看市場的成熟度、消費者買不買單，以及它有沒有帶來某種程度的改變，這是我很在乎的事情，它一定要能改變什麼，如果沒辦法，那就沒有意義。

Takumi：
The Sailing Bar 位在郊區，是附近唯一的酒吧。作為調酒師，我都盡可能滿足顧客的需求，從雞尾酒、威士忌到琴酒都有非常豐富的收藏。也有從外地特別跑來找我喝酒的客人，他們都會開玩笑說到櫻井的路途很艱難。而透過雞尾酒講座，能接觸到的聽眾也限於幾十人至多百人；在吧檯上能服務的客人也有限。

跟金子一起做瓶裝雞尾酒，是想透過酒瓶裡盛載的液體，跨越現實上的距離，把對風味的堅持傳播給更多喜愛雞尾酒的人。

在日本推出 C&E（Cocktail Experience at Home）之前，市場已經存在很多瓶裝品牌，超市與超商通路，年輕人的消費取向已開始以罐裝雞尾酒取代啤酒。所以 C&E 考量的出發點，是透過專業調酒師研發的瓶裝雞尾酒，給消費族群更多選擇，除了原本年齡偏大的酒吧客群，也將專業雞尾酒拓展至不同年齡帶，讓更多年輕人有機會因接觸到 C&E，啟發他們對專業雞尾酒吧的興趣。

雞尾酒的本質改變了嗎？沒有，以往雞尾酒的對話在調酒師與顧客之間，雖然瓶裝雞尾酒把調酒師的角色，轉換成風味研發者，可雞尾酒一樣出現在生活中，變成了朋友之間聚會的媒介，雞尾酒依然是連結人與人之間的元素。

瓶裝雞尾酒並不是一種全然的創新，相反的，在一百多年前已經存在有這樣的概念，Jerry Thomas 書中記載許多 punch 類型的瓶裝雞尾酒。我所做的是想賦予雞尾酒新面貌，即使沒有調酒師，也能享受經由調酒師所設定的風味，讓專業成為日常飲酒的選項之一。

精緻雞尾酒酒吧的未來

Angus：

每一種酒吧都無法被另一種酒吧替代，酒吧的存在是由人所構築的，不同酒吧會有不同的氛圍，吸引到不同族群的顧客，各類酒吧的存在可以滿足不同的消費者與目的。

調酒師這份職業，多少有點職人精神的意味在裡頭，這在東西方都是一樣的，我們可以在全世界的雞尾酒文化中察覺職人精神的存在，有傳承的意義在，也是酒吧文化的核心。

所以傳統精緻雞尾酒酒吧是有存在意義的，其所涵蓋的訊息量不僅體現在消費者體驗上，也像渡邊所說的，有教育的成份在裡面。這也是為什麼很多起先喝 Vodka Lime、啤酒的客人，到最後會追求到銀座、倫敦的酒吧喝雞尾酒，雞尾酒驅使消費者追求更多不同體驗的魅力，這是我們文化裡非常重要的事情。

Takumi：

90 年代日本調酒協會會員超過一萬人，但現在減至一半不到，原因在於，這幾年日本市場受外國影響，多元的酒吧文化興起，造成市場對於雞尾酒喜好的變化，調酒師也對自身風格做出調整。在這方面，我的想法和 Angus 相同，各式酒吧的存在意義是因為顧客需求的不同，消費族群會去挑選適合自己的店。

但日本雞尾酒文化特別的地方在於，調酒師和客人是一同成長的，雞尾酒的發展、調酒師與顧客和產業之間的相處模式，是慢慢在改變的。我對所有改變都非常期待，而這也是世界各地的調酒師，現在開始就必須去思考的事。

在日本，專業雞尾酒吧是生活化的選擇，與其說店家提供精湛雞尾酒技法、對冰塊與器具的講究，不如說是消費者

的選擇，給予調酒師成長的時間與空間，演變出現在的日式雞尾酒文化。

我認為這波全球化的雞尾酒趨勢，不僅帶來了更多創新，也讓新一代的產業培育出更多優秀的調酒師，雞尾酒文化仍在發展的進程中。只要有飲酒需求，就會有酒吧，調酒師不會停下進步的腳步，會隨著市場的需求去做調整，當代所建立的技法與雞尾酒，也會繼續存在於現今的酒吧文化中，持續發展下去。

Angus：
回到前面，任何類型的酒吧都有存在意義，我自己就很喜歡 pub 性質的酒吧，也會為了喝到很冰的啤酒，跑到附近的關東煮攤，店主和我關係很好，每次去都會被請兩杯清酒 shots。從消費者端來看，這種店存在的意義，絕對不小於五十大酒吧，也不小於專業雞尾酒吧。每種酒吧會有屬於它自己的氣氛，消費者從中得到的東西也不同，酒吧有酒吧的存在意義，也會有市場上的區塊性、比例、客群分佈。台灣的酒類消費族群的確以年輕人居多，我們的爸爸媽媽是沒有在喝雞尾酒的，所以我很希望看到接下來的三、五十年，會看到坐在吧檯前面的是爸爸、爺爺級別的消費族群。

這是台灣調酒文化還非常年輕的象徵，我們還很年輕，還有很多想像空間以及還沒有理解的面向。渡邊一定是比我還更宏觀地看待雞尾酒文化，我在東京喝酒時，坐在旁邊的客人是我爺爺的年紀，整間店飲酒儀式和文化背景非常深厚，在這方面，台灣還在學習。

酒吧存續的問題在於經營，而非存在意義的有無，這是非常單純的一件事。

優質烈酒的何去何從

Takumi：

單價高的優質烈酒（premium liquor）出現，加上酒商與網路的行銷資源投注下，帶動了千禧年後的雞尾酒復興，也讓調酒師去思考基酒帶給風味上的差異。90 年代時，很難想像有這麼多的琴酒可以選擇，甚至有特定品牌，打造專門為 Martini 與 Negroni 而生的琴酒。

我自己也會使用奶洗、浸漬等手法創作雞尾酒，這些技術可以增進雞尾酒更多元化的面貌，並非是為了追求潮流而使用，考量到成本，若對風味沒有影響，的確會使用平價基酒來進行。然而在風味較單純的經典調酒與改編上，因為烈酒佔整杯酒很大的比例，所以我會根據想呈現的風味挑選優質烈酒。

從日本來看，優質烈酒的市占率持續成長中，可能跟酒吧以提供經典調酒為主有關，所以烈酒還是在風味中佔有主導的角色，並且拓展到一般民眾的消費選擇中。在全球潮流裡，的確有很多新型態的雞尾酒吧，不一定以品牌烈酒為風味的主導者，但優質烈酒的確已經成為飲酒文化的一環，尤其伴隨經濟成長與理性飲酒的消費者增加，對風味的追求，讓優質烈酒的市場得以持續發展。

Angus：

這幾年浸漬、澄清等手法出現，多著重在酒的前置作業上面，吧檯實務上也出現先準備好的預調酒（premix），比較少以前那種要使用高單價優質烈酒才能調出好喝雞尾酒的想法，我認為，這是正在取得平衡的狀態，不是趨勢。優質烈酒有其存在意義，我們再怎麼浸漬，都沒辦法做出陳年烈酒的細膩風味。

調酒師在獲取知識的面向與以前不同，除了比賽指定用酒，或是在浪頭上的優質烈酒，我想現在的調酒師較不著重在烈酒知識上。以前除了雞尾酒，也有很多喝單杯威士忌的客人，所以調酒師要具備扎實的知識，現在還是有，只是比例變少。現在的調酒吧多著重在酒本身味道的堆疊與拆解、做出自己想要的風味，而不是去傳達一支酒本身的味道。

這是一個循環，不會所有人都往澄清、蒸餾的方向，會有消費者想喝單純的東西、經典調酒，這些一定都需要好的烈酒去支撐。現在經典調酒不在浪頭上，但會不會過了兩年又回來？我很好奇，也認為它會回來。到那時，對於多元烈酒的知識，以及單純地凸顯基酒風味、用很少的調味製作雞尾酒的能力，是我認為目前台灣新一代調酒師欠缺的。

以前的調酒師剛好相反，先學經典調酒，再學現代雞尾酒技法，年輕一輩則是先學現代技法。我認為，年輕調酒師也會走到必須學習經典調酒的那一步。

總之，我是樂觀地看待這件事，我認為它一定會回來，但無謂的奢侈性烈酒就不會了。以前是一定要放一支路易十三在吧檯後面，根本就賣不出去，奢侈性烈酒會越來越少出現在雞尾酒吧裡。

“

只要繼續去實踐這些我們相信的事情，就會有人跟上來，過程中也會有新的路長出來，或許就可以讓調酒產業變得更加多元。更多元，就能創造更多未來的可能性，這是我的信念。

當代 雞尾酒文化 的傳承

以前我們講雞尾酒的存在意義，是因為它很簡單，也就是為什麼經典調酒很單純，酒譜都差不多，材料換來換去而已。那就是那個年代的時空背景，這種事情不會再發生了，已經有了 White Lady 就不會再出現另外一杯類似的。

現在訊息流通速度很快、旅行也方便，若非疫情，我想我們現在也還是會特地飛到國外去喝酒。在紐約喝 Sam Ross 的 Penicillin、在巴黎喝 Sidecar，還是有他們的味道在，有些事物存在的意義是在特定時空背景下形成的。

這些變化是不可逆的。現代廚師創作的料理也更難複製了，不像以前有既定的食譜流傳。這是對於餐飲文化需求擴大的象徵，我們不只是用傳統的方式繼續在產業中生存。以前的調酒師以文字留下紀錄，而現在我們有影音、影片，有太多方式可以留下 legacy，還有品牌。

品牌存續，會不斷地轉變發展，就像企業一樣，當需求變大，就會變得像蘋果、星巴克或 Blue Bottle，若我們的調酒文化能再做廣一點，借鏡咖啡文化、茶文化，其實已經有類似的 legacy 出來了。

我蠻樂觀去看事情的，多元發展下會衍生出新的存在。我覺得大家以後或許不會記得 Draft Land 的調酒，但會記得 Draft Land 做過的事、改變的東西，又或者 Draft Land 成為常態性的存在，那它意義就在那裡了。

以前會有我想要有一個酒譜流傳於世，後人可以去記錄我的歷史或背景的想法，現在我沒有追求這個，因為現實的產業發展，已經比我以前所憧憬的調酒師樣貌更多元了，我們現在能做到的事，有太多事情是當時的調酒師所做不到的。

現代調酒師如果能到一個程度的話，有機會接觸到跨產業的合作，以瓶裝雞尾酒為例，會不會變成一個品牌？有沒有可能現在黑松要出我們的雞尾酒、統一要出我們的雞尾酒，一賣就賣二、三十年，這樣是不是連酒譜也不需要，在便利商店就可買到。

有很多比以前更有趣的事情在發生，我們終究要過了三、四十年，或是等去世了，才會知道我們的 legacy 是什麼。而在當下，我們能做的事很多，會不會留下什麼，這不是我們現在該去談論的。我真的非常樂觀，只要雞尾酒的文化有被留下來，我們就會被留下來，不管是現在要出的書，或者是其他調酒師正在做的事情。

現在只要 google 一下，不管好的壞的紀錄都搜尋得到，採訪也是一種。以前的調酒師沒有這麼多採訪，你看不到 Harry Johnson 的訪談、也看不到 Jerry Thomas 的，都是一些軼聞與新聞剪裁。我們很幸運，活在擁有眾多紀錄媒介的時代，只要我們的文化還有價值，過五十年、一百年後，那時候的調酒師還是很容易找到現在的紀錄，不僅僅是酒譜流傳下來，包括正在做的訪談與影像，都會留下屬於我們的 legacy。

Angus Zou

ANTONIO LAI

黎振南， Tastings Group 共同創辦人，擁有酒吧 Quinary、The Envoy、VEA、ROOM 309、ORI-GIN（暫時停業），2019 年與 Angus Zou 合作 Draft Land HK。

2015 年 World Class 香港澳門冠軍。

著有 Multisensory Mixology 與 Addicted to Multisensory Mixology。

受 Dario Comini 啟發，開始探索分子調酒。曾於 Tony Conigliaro 的 The Drink Factory 進修。

我們同年一起站上世界賽舞台，那時 Antonio 已是產業翹楚，兩本分子調酒書，亞洲第一間分子調酒酒吧、第一間琴酒酒吧，還有太多說不完的經歷。他是雞尾酒鬼才，永遠有用不完的點子與能量。– 金子道人

雞尾酒的十年之前

Kaneko：

LAMP BAR 已經開了十年，在開店以前，其實我一直都沒有想過什麼是分子調酒。當時我參與的都是日本調酒協會的比賽，傳統保守風格的調酒就是全部，更進一步地說，當時人在日本其實是看不到海外雞尾酒趨勢的。

十年前開始，業界轉變很快，不管國內或國外都是，國際比賽促進了跨國間的文化傳播，日本開始有了改變。當時還沒有意識到，改變的發生就在我所處的產業環境，也是同一時期，國際開始更加注意到日本的調酒師。

Antonio：

十年前，香港沒有很多地方是流行喝雞尾酒的，更多的是喝啤酒跟紅白酒，所以沒有太多酒吧專注在調酒上面。如果想要喝到好喝的雞尾酒，那考慮的可能會是飯店附設的酒吧。除了文化，這跟酒類的進口稅制也有關係，啤酒跟葡萄酒進口是免關稅的。

現在，連離心機、減壓蒸餾儀都很容易看得到，文化的發展很蓬勃，我開設 Quinary 的時候，雞尾酒在市場裡都還不是成熟的產品。十年以前跟現在比，都一樣的是，服務很重要，調酒師必須做好服務；現在則邁向 mixology 紀元，調酒師開始更重視技術層面。

透過社群，知識的傳播速度變快，跨國間的交流變得頻繁，這是為什麼日本文化這麼快散播至全世界。同樣的，以前日本也不存在這樣的酒吧，伴隨著交流，帶有新的技術與型態的 mixology 也開始在日本發生。

在日本，調酒師可以一輩子反覆專注在一件事情上，消費者買單；在香港的文化裡，消費者追求更多。所以 mixology 這件事情必須存在於產業，調酒師需要創造更多讓消費者驚喜的體驗。

跟金子說的一樣，比賽幫助了文化傳播，尤其在國際酒商的資源挹注之下，跨國間的交流變得更頻繁。網路、品牌、比賽，促進了過去十年的雞尾酒發展。

Kaneko：
跟鄰近國家比，日本是有開始做改變，但這些改變，基本上還是圍繞在原本日式調酒「完美技術」的概念上，向前邁進的程度很有限。

亞洲其他地區，以香港為例，原生性的調酒文化沒有這麼強勢，因為沒有歷史脈絡的束縛，不像日本一定要先把經典做到最好。相反的，正因為沒有包袱，所以反而衍生出許多全新概念的雞尾酒型態，台灣、香港或新加坡等地區，這世代的酒吧創造出許多嶄新的概念。

沒辦法去定義哪個比較好。經過社群跟網路的發展，日本也開始看到海外的變化，發展屬於這個世代的雞尾酒文化。

品牌怎麼改變了產業

Antonio：
我們被連結起來了，創造更多國際交流。國際品牌在一地區推廣自己品牌的時候，曾與在地調酒師合作，過程中也協助到調酒師提升個人知名度。

這過程非常偏重於你是誰、如何能最大化支持品牌，品牌如何透過合作，去推廣你和品牌。這是一個跨產業合作的潮流，調酒師在商業操作的過程中被推到檯面上來。

Kaneko：
透過競賽與跟廠商的講座合作，過程中我認識了很多外國酒吧與調酒師，這些文化被帶回了日本，對國內的調酒業界帶來一定的影響。

品牌的協力合作也造就了個人聲量的提高，我工作的範圍從奈良，跨到了美洲、歐洲。除了原本跟酒類議題相關的工作，也開始有跨界的合作，食物、時尚等等。

潛在的合作可能，甚至拓展到服飾與時尚產業，像是調酒的香氛、顏色都可以跟品牌連結，雞尾酒還有創造更多連結的潛力。

有趣的事情在發生

Antonio：

在我們一起參與的世界賽，過去、現在與未來的挑戰中，評審是 Gary Regan 與 Ueno san。當中一位選手在未來雞尾酒中，用了具有磁力的杯具，讓雞尾酒杯漂浮在空中，去年香港的同業裡也有人用了這個想法，視覺上很吸睛。

另外就是瓶裝雞尾酒的起飛，這件事情其實一直有人在做。六七年前，這件事情還不這麼成熟，但現在已經成為了一個很棒的商業模式。

像 Highball 原本只是威士忌與蘇打水的結合，在瓶裝概念下，則充滿更多潛力。另外，傳統雞尾酒可能還是以高酒精濃度為多，Old Fashioned、Manhattan，但是透過瓶裝雞尾酒，將酒精度設定在 5% 至 8%，你可以在火鍋店、看電影時輕鬆飲用，六罐，甚至更多，就像是喝啤酒一樣。

2019 年 World Class 也把瓶裝雞尾酒放進挑戰，跟 Johnnie Walker 去做組合，當你把全世界最好的調酒師聚在一起，會有很多概念在未來成真。在比賽中可以看到文化的潛在可能，品牌也會注意市場上正在發生的事，把它放進來。

Kaneko：

我以調酒師的觀點來說，以前調酒師要做的事情，就是把風味做出來，然後再來想怎麼呈現，將雞尾酒結合服務，創造完美的消費體驗。調酒師要做的事情沒有變，但是表現的手法可以改變，像是把服務雞尾酒的場域換到船、飛機上，一樣要讓客人開心。

網路社群的興起，讓製酒賣酒、再去行銷的門檻變低了。生產酒賣到另一個國家，現在已經不是國際酒商才能做到的事，調酒師可以透過多元的渠道把產品實體化，去拓展更多種可能。對現在調酒師來說，已經不是只能站在酒吧後面做酒，也能慢慢建立起個人品牌，在市場上拓展新的可能，對這份工作來說，是很有趣的產業發展。

和傳統瓶裝雞尾酒有什麼不一樣

Antonio：

香港製造，縮短運輸，更新鮮。

三得利、Jack Daniel's 等全球性酒商，早就有瓶裝雞尾酒的產品線，品牌在佈局上有全球性的策略，罐裝雞尾酒可能就是 Highball、水果風味調飲，是否能滿足在地消費者值得商榷。

在調酒師的專業基礎上，我可以探索更多可能，我的品牌會去連結在地素材，譬如茶、話梅與在地小農產品，對消費者來說，有所謂的地域性。建立在城市認同上，香港有自身的飲食文化特色，像是鹹檸茶、絲襪奶茶，也能透過小批量生產的限量產品，創造市場話題。

透過市場調研，目前瓶裝雞尾酒的主力集中在年輕人上，低酒精瓶裝易飲的特性打開了這扇門。降低人們喝雞尾酒的門檻，年輕人更容易接觸到喝調飲這件事情上，這也是我投入的原因之一。

Kaneko：

日本的低酒精度瓶裝雞尾酒市場很成熟，這類型產品的競爭對手是三得利、麒麟等大型企業，要打入這個市場非常困難。所以對 C&E 來說，雖然是已經上線的銷售計畫，怎麼去發展我也還在摸索，產品銷量不是這階段的重點，能不能透過品牌跟市場對話才是重點。

疫情中，我也有開 LAMP BAR 的網頁，並積極經營個人社群。以我朋友開的咖啡店為例，因為拓展線上通路，在疫情中，年營業額逆勢從 1.5 億日圓成長至 2 億日圓，所以建立跟消費者對話的渠道很重要。

罐裝雞尾酒是很輕鬆自在的存在，以調酒師的角度來說，風味一樣可以建立在有研究的深度上。

關於疫情 酒吧的存續

Antonio：

有名，是一件事；生意，是另一回事。

喜歡喝雞尾酒的客人，他們自然會找到該去的地方，那如何讓原本不喝酒的客人也走進酒吧裡？這是我常說的。我有一家餐廳 VEA（米其林一星、亞洲五十大餐廳），很多人知道 VEA 的 V 是指 Vicky，不一定知道 A 是 Antonio，但客人試了這裡的餐搭雞尾酒組合，喝到好喝的調酒，自然就會問是誰做的，這也是引導客人到酒吧的一種方式。

如果你只是有名，是冠軍調酒師，在疫情之下，沒有客人依然無法生存，那就結束了。現在什麼都可以透過手機去完成，什麼是最重要的？你只要手機有電，一鍵下訂，就可以吃到很多你想吃的，一週七天、二十四小時的日常生活，都可以透過手機完成，包括銀行服務。在中國，出門連錢包都不用帶在身上。

想想看，有名如 Milk&Honey London，當倫敦封城的時候，可以做什麼？疫情中仍然得支付薪水、房租，員工需要生活，一樣有帳單要繳，沒錢吃飯還會餓死。所以酒吧必須找到新的銷售管道撐下去，瓶裝雞尾酒、預調酒，甚至由調酒師送貨上門，都是必須要去嘗試的。

即使在香港，為了因應疫情，法規都是非常臨時的，日本也是。當然瓶裝雞尾酒還是有法規問題要克服，我有去與政府單位溝通尋求協助，也獲得部分支持。另外香港政府有條件地讓我們開門，像是縮短營業時間、所有人都必須點食物，而非單純地飲酒，讓酒吧得以維持最低量能的經營，並盡可能地降低支出。即使如此，生意依然是賠錢的，只能繼續堅持，維持開門營業才有機會等到翻轉的那天。

Kaneko：

因為疫情，日本也有名店做出歇業的決定，即使是知名酒吧與調酒師，都不一定能安穩撐下去。以日本的現況來說，還是時常封城，造成酒吧不能營業的狀況。對 LAMP BAR 而言，原本存在不小比例的外國消費者，這些客人基本上是歸零了。

在疫情之中，只要酒吧還在，我們還是得付房租、員工薪水。我有試著去做一些網路行銷，吸引更多日本年輕人前來。有趣的是，經過這樣的嘗試，店裡人均消費成長了 20%，具體的理由我也不清楚，也許因為更專注於服務本地客人，使得人均上升也不一定。

在營業禁令期間，我們團隊有做一些討論與改變，像是在設計新的雞尾酒上，創造視覺更吸引消費者的裝飾。也趁這個機會，重新思考社群經營的方向。

Antonio：

在 Quinary，八年來都是以同一款調酒 Earl Grey Caviar Martini 最為暢銷，除

了美味，還具有視覺體驗的娛樂性，即使疫情期間消費人口結構改變，外國客人消失，轉而上門的都是長居香港的本地人，依然是最受歡迎的雞尾酒。

疫情改變了生活，消費者減少外出頻率，如果把握難得的出門機會，那他一定會選擇比較特別的店、特別的體驗。我們持續創造吸引消費者的雞尾酒，所以他會選擇我們，這也可以看看台灣 Fourplay 的 Allen，他在這件事情上做得非常好。

經典調酒很好喝，但的確也比較難吸引目光。香港是個國際型的商業城市，人的流動、文化的流動都更加快速，如何在雞尾酒上創造話題，把握讓客人走進來的機會非常重要。

上個世代創造了足夠多的財富，在這個年輕族群不追求買車買房的世代，消費者不再以財富為主要追求，轉而追求所謂的生活型態。所以餐飲業不再只是提供溫飽，更包含提供服務體驗的過程，像 Draft Land 就提供了消費者一個全新的體驗。

零浪費與永續雞尾酒

Antonio：

我曾經嘗試過所謂零浪費的概念。永續的確是個趨勢，概念也是好的，但不一定容易執行。不是每樣廢料都容易重複利用，風味仍然是雞尾酒中重要的一環，我會在合理的範圍內，盡可能地減少浪費。

永續是個可以跟顧客互動的議題，我告訴他們，我運用了番茄上的每一部分，包含果渣。聽起來很酷，他們也很喜歡我這個點子。然而實際上，客人沒有聽到的是，我花了超過十小時的電力，才讓番茄渣轉換成他們喜歡的樣子。

把永續這件事情做好，對社會觀感、對環境都有很大的幫助。在吧檯實務上，零浪費卻不是容易達到的一件事。我也不知道什麼是好的，我會盡可能地減少浪費與耗損，但目前來看，無謂的零浪費是無意義的。

Kaneko ：

日本的社會共識中，不太有關於環保跟再利用的觀念，在酒吧裡提倡永續或零浪費，較難引起客人的共鳴。

World Class 世界賽中有越來越多關於永續概念的挑戰，我也會用這些觀點去創作，有時候因此找到靈感，創造出有趣的雞尾酒。以日本來說，大部分飲食店規模太小，店家多將重心放在生意有關的層面上，不容易在環保議題上取得交集。

在永續概念上，我仍會以風味為第一優先，再來嘗試合理範圍內做二度利用，例如將水果邊角料運用在發酵素材上。

餐酒搭配趨勢

Kaneko：

從現在來看，目前雞尾酒餐搭能做得好的並不多。在餐搭中，雞尾酒不是好喝就好，能不能透過搭配，產生加乘的效果很重要，如果只是做到一加一等於二，那雞尾酒餐搭這件事情就不成立。

雞尾酒餐搭這件事情還很新，沒有清楚的脈絡，整個產業都在摸索，餐搭邏輯還在發展當中。在十年以前，調酒師是調酒師，廚師是廚師，產業間並不存在足夠的交流，直到這幾年，跨產業的交流才真的開始興起。調酒師放下原本對傳統雞尾酒的結構概念，餐飲業也拋出橄欖枝，促成更多合作。

雞尾酒搭配食物有著無限潛力。在現代餐飲裡，紅白酒有完整的搭配邏輯，一般民眾都有點概念。而以雞尾酒來說，調酒師可以控制味道、溫度與口感，要創造出可以跟食物搭配的組合，有更廣的風味光譜可以讓這件事情實現。

文化發展需要經過時間醞釀，才能看到改變。還有很多人沒有接觸過雞尾酒餐搭，給這件事情一點時間，未來可以看到更多可能。

Antonio：

對雞尾酒產業來說，發展餐酒搭配真的很重要，改變雞尾酒出現在生活裡的方式，可以讓雞尾酒吸引更多消費者。

對我來說，雞尾酒餐搭是個趨勢。所謂的 F&B 就是在說 food and beverage，

這是一種生活風格，不僅是雞尾酒搭配，還有無酒精搭配、果汁搭配、茶的搭配、清酒搭配，你吃而且你喝，飲食永遠不分離，都是一起發生的。

Fine dining 的文化在這世代普及，推升了高端餐飲需求，透過飲料組合這件事，讓餐點體驗的面向變得更廣，無形間拉高的調酒師的價值。跟以往迎賓酒給氣泡酒、紅酒配紅肉、白酒配白肉的餐酒搭不同了，雞尾酒的百變面貌讓調酒師變得重要，可以控制酸甜、酒精、溫度，因應餐點的不同去做搭配。

雞尾酒餐搭提高了整體飲食產業的可能，飲料這件事不再是獨立的體驗，除了食物本身好吃外，整個用餐過程都會更完整。喝這件事，在餐飲裡佔比逐漸提高，我們調酒師能帶來更多好的體驗，像是在台灣，ROOM 的 Seven 與 RAW 主廚江振誠的合作，見證了雞尾酒餐搭的更多可能，調酒不再只扮演餐搭中的配角。

雞尾酒並不只是有味道的液體，也可以是嗅覺、視覺，所以合作不一定只能出現在餐飲搭配上，也有可能像是跟香水品牌的跨界合作。

LIQUEUR
COINTREAU
BLOOD
ORANGE

瓶裝
雞尾酒的
價值

以往調酒師只能服務到吧檯前面的客人，但透過商品化，讓我們可以接觸到更多消費者。不過商品化這件事還是需要去努力的，像是碳酸的穩定、批次生產間的差異控制，就像勝獅（Singha）跟沛綠雅（Perrier），即使是蘇打水這麼單純的東西，氣泡強度跟口感都是完全不同的。瓶裝雞尾酒可以控制風味、氣壓等各種變因，都能創造體驗上的更多可能。

商業化這件事，在把飲料給到客人手上之前，穩定是必須要做到的，這是我從跟 Draft Land 合作中學到的。我將有一個品牌開始生產罐裝雞尾酒，並且在香港開設工廠準備量產，網上銷售，會先專注在香港市場。在香港你可以找到像是 JD Coke、三得利 Highball 的瓶裝，這類產品有進口的，但現在沒有在地的品牌，所以由我帶頭去做，即使沒有疫情這件事情都會進行。

透過瓶裝雞尾酒，消費者不需要走出家門，他們在家喝，覺得好喝，那我就贏得了更多客人。他們沒有走進酒吧，沒有見到調酒師也沒關係，這是雞尾酒文化更多面向的體現。

酒吧有座席限制，你一次只能走進一間酒吧，體驗一種風格。但瓶裝雞尾酒讓某些事情變得可能，你可以同時買到 Quinary 跟 Origin 的調酒，他們也會說，這是 Quinary 的調酒，那雞尾酒就可以接觸到更多消費族群。這就是我想要的，也許因為這樣，他們就找到了第一次走進酒吧喝調酒的契機。

SHINGO GOKAN

後閑信吾，The SG Group 共同創辦人，擁有酒吧於上海：Speak Low、Sober Company、The Odd Couple；東京：The SG Club、The Bellwood、SG LOW。

2017 年 Tales of the Cocktail 年度國際最佳調酒師。

Drinks International 產業百大影響力人物。

2012 年 BACARDÍ Legacy 世界冠軍。

2006 年至紐約發展，於 Angel's Share 擁有十年管理資歷。

後閑信吾拿到 BACARDÍ 世界冠軍之後，把在美國形塑的調酒哲學帶回亞洲，辦雞尾酒研討會與客座活動。他展現的，是一個冠軍的謙遜，還有身上蘊藏的創新 DNA。 – 渡邊匠

什麼時候開始接觸到外國雞尾酒

Shingo：

大概 22 歲左右，我也沒有想太多，就想看看日本以外的世界。那時候還沒有 Youtube，要想接觸不同文化，最好的方法就是直接前往當地工作。

Takumi：

千禧年前後去了一趟紐約，那是流行 Cosmopolitan 的年代，以現代雞尾酒來看，整個文化都還處在萌芽的階段。

後閑為什麼去紐約

Shingo：

我從倫敦與紐約之間作選擇，而後有人介紹了我紐約的工作。

渡邊考慮離開奈良發展過嗎

Takumi：

年輕時我有考慮去銀座追尋調酒。大概 20 歲吧，那時觀看比賽，覺得銀座的調酒師有其他地方調酒師所沒有的魅力。最終，仍選擇跟隨師父藤田留在奈良。2010 年在 World Class 舞台上與許多東京調酒師同台競技，最終奪冠。當初選擇留下，似乎沒有什麼對錯好壞之分。

在那之前，我也相當忐忑，覺得會不會不到銀座工作，就沒辦法成為理想的調酒師。但時間已證明，留在奈良沒什麼不好，奈良已經成為我的第二個故鄉。

初次接觸到西方雞尾酒文化的衝擊

Shingo：

可以說幾乎沒有相同的地方。剛到美國接觸到的調酒，大多不太平衡，不是太酸就太甜。從調酒師的角色來說，我以日本嚴謹的調酒文化作為起點，看到當時紐約的調酒文化，的確存在缺點。

但並不是說日本調酒比紐約的調酒好，我在美國體驗到酒吧的娛樂性，在傳統日式酒吧是不存在的。我也藉這機會，檢視自我的調酒哲學是否存在盲點。

Takumi：
我初到美國時，去到一家陳列擺滿美格威士忌的酒吧。坐上吧檯，近距離喝調酒，看到調酒師從冰槽中取用空心的濕冰塊來做酒，心裡想著這樣可行嗎？對身處日本文化的我而言，已經很習慣調酒就是用製冰廠的專門冰塊，而那種機器產出的冰塊，只會給可樂等軟性飲料使用。

另外就是在紐約街邊酒吧體驗到 happy hour，當時日本還不太存在這樣的消費文化。我點了杯 Martini，只花不到正常營業時段的一半價格，調酒師卻下足了三盎司琴酒，一杯下去我就快喝醉了。

初次接觸西方文化覺得好的地方

Takumi：
剛剛的回答是從調酒師的視角來看，所以可能比較嚴苛。但必須說，我在美國喝雞尾酒時，現場調酒師很有魅力，普遍也都很年輕，他們的活力營造出歡樂的氛圍，像隨時在參與一場主題派對。

所以雞尾酒可以是研究一輩子的文化，但也可以很輕鬆很生活，如果你讓顧客開心，會因為喜歡這個空間氛圍而回來，那樣就很好。

Shingo：
日美雞尾酒文化在根本上的差異太大，很難比較好與不好。

雖然自信中帶有一點不安的心情，但我在美國工作時，就決定要堅持做自己想做的東西。我認為雞尾酒是一個載體，它應該可以傳遞更多訊息，店的氛圍、調酒師的個性，都可以經由設計傳達給消費者。

文化衝擊

Shingo：

在服務禮儀跟雞尾酒上，我都有充分的能力勝任工作。一開始最大的問題是語言，想傳達給客人的理念不能清楚地表達，感到有點可惜。

在美國，我在起跑點上落後其他調酒師，所以加倍努力地追趕。剛到紐約時，因為語言原因，我面試 Angel's Share 被拒絕，最後找到一份餐館的調酒師職缺，花了半年時間升上首席調酒師，而後 Angel's Share 的經理跑來找我過去工作。

Takumi：

我入行時的日本調酒師還很傳統，他們很相信自己所堅持的道路。雖然偶爾有辦一些研討會，不論是老一輩的調酒師或客人，他們都喜歡原本的那套文化。

不論是我在美國的酒吧飲酒，還是參與外國調酒師在日本的活動，我時常被現場調酒師所帶起來的開心氛圍感染到。

還有一點不一樣，日本的調酒吧風格很接近，嚴謹、精緻，裝潢跟服務都是，但是在美國，每間酒吧都有各自的主題、裝潢與酒單設計等，重點是無論何種風格，都營造出充滿活力的氣氛，讓人真心喜歡上酒吧文化。

Shingo：

我剛到美國時，消費者的要求就是出酒快、大杯且酒精度要高。一開始我沒有馬上被市場接受，相較美國調酒師的出酒效率，日本那套調酒文化，對消費者來說太慢了，客人不喜歡那樣的節奏。

從上海出發

Shingo：

得到 BACARDÍ 世界冠軍時，我覺得我累積了很多能量跟想法，想把這些年所學帶回到亞洲市場。

當時，我已經有很長一段時間沒跟日本業界來往，也想到更大的市場發展。我被邀請到北京做了幾場活動，活動都很成功，現在的合作夥伴找我到上海做活動，消費者反應也很熱絡。我看到中國市場的潛力，還有對於新文化的接受度很高。

在我之前，上海也有人在做所謂的日式酒吧，但我帶進市場的體驗，是現代美國的雞尾酒文化，反而是以往比較少見的，獲得意外的巨大成功。

過去十年的日本市場改變

Takumi：

特別的調酒變多，包括自製材料的複雜度，酒款的選用也更多樣化。就像後閑把 SG 燒酎帶入了調酒文化，這在 90 年代的日本是看不到的。

在傳統的日本調酒觀念裡，有些無形的潛規則，會有怎麼做是不行的規矩，這樣的觀念正在被淘汰掉。這是很正向的改變，讓雞尾酒的可能性變得無限大。

Shingo：

相較於外國市場，這十年，日本的雞尾酒觀念是停滯的，對我個人而言是沒辦法接受的。

從文化的角度來看，日本大概僅次於美國與英國，雖然不是雞尾酒的起源地，也保留了豐富的歷史資產。這是日本雞尾酒特有的風格，把歐美傳進的技術，加上民族文化，變成現在的雞尾酒面貌。產業內一直恪守當初由美國調酒師傳進來的基礎，一代傳著一代，當時這樣是很好，但在現今來看有點太偏了。

我每個月、每一季，都在思考能有怎麼樣的進步，將新的體驗帶給消費者。國內也有一小部分調酒師在努力，但整體業界沒有顯著的進步，把持著原有風格原地踏步，沒辦法吸引新的年輕客群進來的話，那產業會越做越窄。

Takumi：

贊同。雞尾酒世代傳承下來沒有什麼改變，就算有變，也都是在框架中。從我初訪紐約到現在超過二十年，幾乎每幾年歐美都有新的產業文化概念。有新的點子提出，才能在大眾之間引起討論。

我想，如果要跟上世界潮流，日本整個產業需要邁出很大的一步。雖說日本調酒文化享譽全球，但在後閑做出 SG 燒酎前，真正運用在海外調酒實務裡、可以代表日本的東西，如烈酒或調酒，可以說沒有。

網路世代的反思

Takumi：

調酒之所以沒有被機器取代，其實就是來自人的個性，雞尾酒在區域間演化出不同特色。在網路沒這麼發達的時候，像是關東、關西、北海道，每個區域反而都形塑出各自的飲食風格，雞尾酒也發展出不同面貌。雖然現在東西方交流變快了，不過我也在反思，會不會反而失去了一些地區間各自獨有的特色。

還有一點，隨著雞尾酒市場的成長，出現了建構在網絡行銷上所誕生的酒吧，經驗不夠的調酒師，沒脈絡地調製著放滿無謂擺飾的雞尾酒。對於年輕世代而言，不論是調酒師或消費者，若他們開始認為雞尾酒只是空有其表，適合拍照上傳社群的產品，沒有多少人在乎風味平衡，那下個世代的調酒師還願意在技術上下功夫，為烈酒知識投資時間嗎？

文化是需要時間去建立的，網路世代的訊息傳播，讓雞尾酒得以在全球復興交流，消費者要的到底是什麼，只能交給時間與市場去決定。但調酒師社群能不能傳遞正確的觀念給消費者，關乎著下個世代雞尾酒文化是否可以繼續增長。

Shingo：
科技帶來了知識，透過資訊讓調酒師成長得更快。缺點也是資訊太多，雞尾酒除了風味，還有調酒師的待客與呈現。

十年以前，沒有這麼多的影像紀錄，不像現在這麼容易找到雞尾酒的資料。舉例來說，像是渡邊精準的搖盪技法，不是看了就能學會這麼簡單的一件事。過多的資訊轟炸，反而讓調酒師少了慢慢摸索，透過反覆嘗試建立起來的扎實能力。對於技術，還有個人特質的培育，都是需要時間養成而無法速成的。

現今社交軟體是很發達沒錯，但我更重視人與人之間直接的見面交流、面對面地打招呼，實體互動所傳遞的訊息，是隔著螢幕表達不出來的。

關於未來

Takumi：
因為疫情，跨國間的實體交流已經停滯兩年了，對於整個產業，還有年輕調酒師的培育來說是蠻大的損失。這段時間帶給產業很大的衝擊，日本時常發布緊急命令，酒吧因此不得營業，希望疫情結束後，雞尾酒文化可以重拾生命力。

The Sailing Bar 的母集團在大阪有間義式餐廳，原本有拓點計畫，包含在酒吧領域，目前都停擺了。雞尾酒餐搭一直是我想做的，在現有的義式餐廳裡構建一個酒吧空間，應該是疫情過後會先去做的事，我想把雞尾酒服務的多樣性拉高，並做出可以感動客人的產品。

Shingo：
我沒有特別期待的事，就是專心做好當下手邊的計畫。在腦海裡也一直有新計畫在醞釀，我腦袋轉很快，也許這本書出版的時候，就改變主意了也說不定。但這階段有一個不會變的，就是我有想要將 SG 燒酎帶往世界的使命感。

以公司來說，我經歷了一波快速成長與展店，但其實我不會想將事業做很大，如果工作量能可以負擔，也不想再增加人員編制規模。我想建立屬於 SG 團隊的文化，扎實傳遞出去。

探索與構建自我風格

在變化快速的網路時代裡，可以學到很多東西，但不用刻意學美國、日本的。雞尾酒這件事，是客人喜歡才會成立的。所以在所處市場中，創造出屬於自我的風格很重要，想想到底自己信仰的核心哲學是什麼。

就像我以前在紐約給美國人很慢的日式調酒，他們不一定喜歡；一樣的，我把美國那套帶回來，也不一定會讓日本人滿意，日本一般客人，有的只喝 Chu-hai（酎ハイ：燒酎做的 Highball，常添加各種水果風味）或 Highball，他們不會喜歡特別的調酒。目前在 The SG Club，顧客都很喜歡我的創意，我可以在其中嘗試些新的靈感，想要表現個人風格的話，還是要建立在客人想要的情況下。

我在 The SG Club 也不能說是在教育客人，但我會隨著酒單更換，每次都加入不同的新元素，隨著消費者喝到酒瞬間的反應，去摸索消費者到底要什麼，同時也給出一些新概念，慢慢去影響日本的產業生態。

Shingo Gokan

BANNIE KANG

姜琇真，2020 年 DRiNK Awards 年度最佳調酒師。

Drinks International 產業百大影響力人物。

2019 年 World Class 世界總冠軍。

2016 年 BACARDÍ Legacy 新加坡冠軍。

出身韓國，2013 年在新加坡 Anti:dote 開始調酒生涯；2020 年於臺北開設餐酒館 Mu:，獲得 2021 年米其林餐盤（已歇業）。

WORLD CLASS
WORLD CLASS

在金子道人拿下世界冠軍之後，第一場客座調酒活動，就是辦在當時 Bannie 工作所在的 Anti:dote。冥冥之中，似乎注定了桂冠的傳承。

對 Bannie 的第一印象

Kaneko：

我獲得 World Class 世界冠軍後的首次海外客座，就是當時 Bannie 所在的酒吧。當晚，是我第一次面對如此大量的點單，還有許多特地為我而來的消費者，有點應接不暇，但 Bannie 一整夜都掛著笑容，妥善處理客人的各種需求，讓我留下深刻的第一印象。

是什麼特質，讓 Bannie 從世界賽勝出

Kaneko：

Bannie 拿到新加坡冠軍時，我也在現場。比賽結束後，我們在 Jigger&Pony 相遇，她帶著一貫的笑容迎面而來，那時候我心裡想著，那溫柔的個性會不會沒什麼殺傷力，在世界賽真的沒關係嗎？直到在世界賽舞台上看到 Bannie 時，才發現是我多慮了，可以感受到她真的充分做好了準備。

第二天賽事，我跟旁人聊到她成為冠軍的可能，至少，也有前五，在已完成的項目中，都找不到什麼扣分的地方。而且就像我們第一次見面時一樣，她的親和力感染了世界賽的舞台，讓在場的所有人都喜歡上她。

Bannie：

我選擇做自己，反覆不斷地練習。舞台上贏得冠軍的我，其實就是那個平常站在吧檯裡，努力完成每一杯酒的自己。

另外，在吧檯工作時，我會把面前的客人當作評審，而在忙碌的週末夜，我就看作是速度競賽。把每一次調酒都當成成果展現，永遠維持在最好的狀態，做好日常工作，站上比賽舞台時就不容易失常。

永遠不要放棄，有辛苦與痛苦過，才會有收穫。

準備比賽的心態

Bannie：

第一次參加調酒比賽是在 2013 年，當時我急於展現自己，反而沒能拿出最佳表現。後來我再去參加比賽，心態便慢慢開始轉變，開心地去體驗從準備到上台的過程。總而言之，就是盡我所能，贏不贏不是重點，而是在過程中能獲得什麼，並持續進步著。

World Class 是我的夢想競賽，原本想著 19 年就是我最後一次比賽，所以真的是竭盡所能地去努力。

我從來不在上班時練習，那樣工作跟練習都無法做好。我會在下班後留在店裡練習，安靜的氛圍，可以跟自己的內心對話，更能了解到有什麼可以改進的。

我非常喜歡比賽過程中自己做出來的酒，喜歡自己做的每個決定。不過可以的話，我想更好好地感受站在舞台上的那些瞬間，畢竟過程很緊張，還沒好好體會這一切，時間就結束了。

比賽輸贏，到最後真的不是那麼重要，過程中所學習到的養分，滋養我成為現在這樣的調酒師。

Kaneko：
我是在 20 歲參加第一次比賽，那緊張的程度，到現在都還記得，連搖酒器都沒辦法好好拿著。

在拿到冠軍前比了 40 場比賽，不知名的、小的比賽都參加過，有比刀工的、比攪拌的，也有專給年輕人的比賽。當時我一天花 6、7 個小時在練習，若是休假日，練習時間甚至會到 12 個小時。

贏得冠軍那年，LAMP BAR 被迫搬遷，我只好向銀行貸款籌備新店，同時準備比賽，忙得不得了。我的第一個孩子也正好在這時候出生，那一整年，我甚至連尿布都沒有為他換過一次，若說過程中有什麼後悔的，就是這件事吧。

作為評審，擁有怎樣特質的調酒師會吸引你們的注意

Bannie：

在現代，能站上比賽舞台的調酒師技術都很好，酒也很好喝，所以如何讓自己突出，說出觸動我的故事或理念，就會對這個調酒師留下深刻印象。

Kaneko：

酒的話，最重要的就是平衡。另外，當評審一天要喝數十杯調酒，當然會想喝到預期以外的調酒。對我來說，發酵材料是其中一個很好的表現手法。

如果有調酒師在比賽上嘗試別人沒做過的事，我會很欣賞，Bannie 在世界賽端出的 Bloody Mary 就有驚豔到我。

Bannie：

Bloody Mary 並不是一杯大眾都喜歡的調酒，它不算易飲。尤其在新加坡，夏天很熱，更不會想喝 Bloody Mary 口感這麼重的酒，所以我想做出一杯新鮮、易飲，顛覆眾人想像的 Bloody Mary。

新加坡的國土不大，農業面積自然也小，小農很多，為了探索材料的可能性，我數度拜訪在地農家，學習怎麼種植與挑選番茄，認識不同的品種，為的就是以新鮮番茄取代常用的罐裝番茄汁，做出清爽好喝的 Bloody Mary。

作為調酒師跟老闆之間的差別

Bannie：

說實在的，我比較喜歡當調酒師，當老闆好累。

Kaneko：

沒錯，要思考解決的問題比一開始想得到的還多很多，員工訓練是困難的一個課題，尤其是如何使員工保持工作的一致性與熱情。

Bannie：

我待過韓國、新加坡與台灣的酒吧，親身體驗過每個地方工作文化的巨大差異。當員工的話，只要專注在眼前的事物就好，當老闆要更善於與團隊溝通，並制定可實現的計畫。

Kaneko：

我想要退休！

Bannie：

我也是！

作為員工最重要的事

Kaneko：

先學習做人，把禮儀從根本做好，再來就是擁有一顆服務的心。如果連基本的應對禮儀都做不到，空有技術，是沒辦法當調酒師的。

所以在 LAMP BAR，我會先教育員工真誠的道歉與感謝。禮貌與做人是最重要的，技術可以慢慢培養。

Bannie：

我的團隊成員來自許多不同的國家，擁有的工作經驗及背景也不盡相同，所以最重要的，首先是要擁有開放的心態，才能互相包容、互相學習。

CLASS

不喜歡的客人類型

Bannie：

團隊花了很多心思在構思調酒，還有酒單，整份酒單是有連結的，所以如果第一次來的顧客，只想喝某種特定調酒、連酒單也不願意看，不願意聽我們介紹的客人，就會覺得有些可惜。還有只想喝某個調酒師調的酒，而不是我們團隊調酒的客人，也會覺得有點難過。

我們的團隊會盡可能地和消費者溝通，讓他們理解調酒師在其中所做的努力。

Kaneko：

酒吧的氛圍需要長久經營，但破壞只需要一秒。不禮貌的客人會影響其他人的品飲體驗，像是不受控制的喧嘩。若經勸導不聽，我會禮貌地走向前替客人買單，這是我對於其他好消費者的尊重。

作為調酒師最堅持的部分

Bannie：

我只提供消費者我覺得好喝的調酒。關於調酒的品質，我想要給客人最好的，就算成本很高也一樣。如果遇到客人不喜歡那酒的話，我會替他更換，並到桌邊親自問候與說明情況。

我會特別照顧隻身前來的客人。比起其他消費者，一個人來的顧客對雞尾酒與氛圍的感受更加靈敏，需要花心思去對待。總之，專注於客人的感受就對了。

Kaneko：

雞尾酒。因為那是客人前來的主因。

現場人員也是消費體驗重要的一環，服務決定了消費者帶著什麼樣的心情走出酒吧，所以我很注重團隊的教育訓練。

Bannie：

我想讓客人知道我們在做什麼、感受到我們團隊的風格。對我來說，與客人之間的連結很重要，不只雞尾酒，也可以透過言語去增進彼此的感情。

喜歡的調酒小技巧

Bannie：

我有時會在調酒裡面加少許鹽，嚐不出鹹度的那種，作為連結各材料的橋梁，或是讓特定風味更加鮮明。

大部分的時候，簡單的手法就能做出好喝的風味，不要輕易把調酒做複雜了。

Kaneko：

優格洗（yogurt-washed）是我喜歡的手法之一，最近則在研究乳酸發酵。店裡夥伴高橋融合優格、果汁與酒，放置冷藏發酵，成品帶有複雜的果香及香檳感。為了讓發酵狀態更穩定，我邀請明治牛奶公司的研究員來店裡開研討會。

靈感的來源

Kaneko：

從生活取材，嘗試把平時吃到的食材放進飲品，或者以料理為概念轉化成雞尾酒。接觸到新手法都會去試，但不會特意把新技術放到酒中，美味才是根本。

Bannie：
我的日常生活以及人生經歷，都可以成為構思雞尾酒概念的靈感，而特定的材料與基酒，也時常是我創作雞尾酒的出發點。

未來的潮流

Bannie：
沒有什麼是絕對的好與壞，所有現有文化都是一種潮流，就像自 2010 年到現在，很多不同種類型的酒吧和調酒出現，而現在因為疫情關係，罐裝調酒也開始流行。潮流會結束，但不會消失，它依然是消費者的選擇之一，就像經典調酒，時至今日仍蔚為風尚，甚至迎來了現代經典調酒的風潮。

對我來說，不斷變化是件好事，這代表客人能有更多選擇。就像在韓國，調酒很貴，所以年輕人很難去負擔，但調酒的選擇面向越來越廣，消費者在不同價格帶上有更多樣化的選擇，這對雞尾酒的發展絕對是正向的。

Kaneko：
調酒師的工作就是提供調酒給客人，並讓客人感到開心，至於這中間的過程，怎麼選酒、怎麼調酒，只要能讓客人感到開心，其實任何選擇都可以。

現在不只經由吧台，也可以透過罐裝調酒，將調酒送到各個地方的客人面前，這絕對是一件好事。

現代的澄清技術與再蒸餾的技術開始流行時，我也進行了深度的鑽研。但知識與技術都會普及，尤其在網路的年代，這類型調酒做久了，不止調酒師，客人也會習以為常。我猜想接下來，調酒師會開始把「去掉」的東西再加回來，可能透過發酵等手法重新解構雞尾酒，將纖維、果感再放回酒液當中。

一系列新的優質烈酒（premium liquor）在 2000 年至 2010 年間，成為雞尾酒文藝復興的推手；近十年，隨著預調酒和汲飲雞尾酒的出現，優質烈酒在文化中的角色會受到動搖嗎

Kaneko：
烈酒的多元普及，對雞尾酒文化來說是好事。對我來說，根據雞尾酒來選擇要使用的酒，這點是不會變的，所以如果使用特定品牌的烈酒能帶來更好的味道，那我就會使用，跟是否昂貴、有不有名沒有關係。

Bannie：
我不認為所有人都會跟著潮流走，潮流僅是製造更多選擇給客人。就像有高級的咖啡豆，也有即溶的咖啡粉，每種咖啡都有人在喝；吃也是一樣，我不會每天都想吃 fine dining，偶爾也會想吃輕鬆簡單的小吃。同樣，好的烈酒也不會因為下一個潮流來臨就被遺忘，仍會是消費者在品飲雞尾酒中的一個選項。

給 年輕世代 調酒師 的一段話

像金子前面說的，做人第一。人生起起伏伏，有在高點的時候，也會有低潮，就算我現在是世界冠軍，也要保持謙虛。永遠會有新的冠軍出現，也會有新的事物需要學習，即便是金子與上野前輩，當我跟他們相處時，發現他們總是不斷的向身邊的人請益。保持謙遜，這是我時時放在心中的理念。

在網路世代，從社群獲得雞尾酒知識更加容易了，但要注意，有時候網路上得到的訊息，並不一定與事實符合，除了一股腦吸收，也要適度過濾，整理出對自己有幫助的資訊。

我拜訪世界各地的酒吧，業界裡的年輕一代普遍富有熱情，目標與企圖心都很明確，只要保持謙遜，追求對知的渴望，我認為這世代的調酒師可塑性很強。

藏私
不

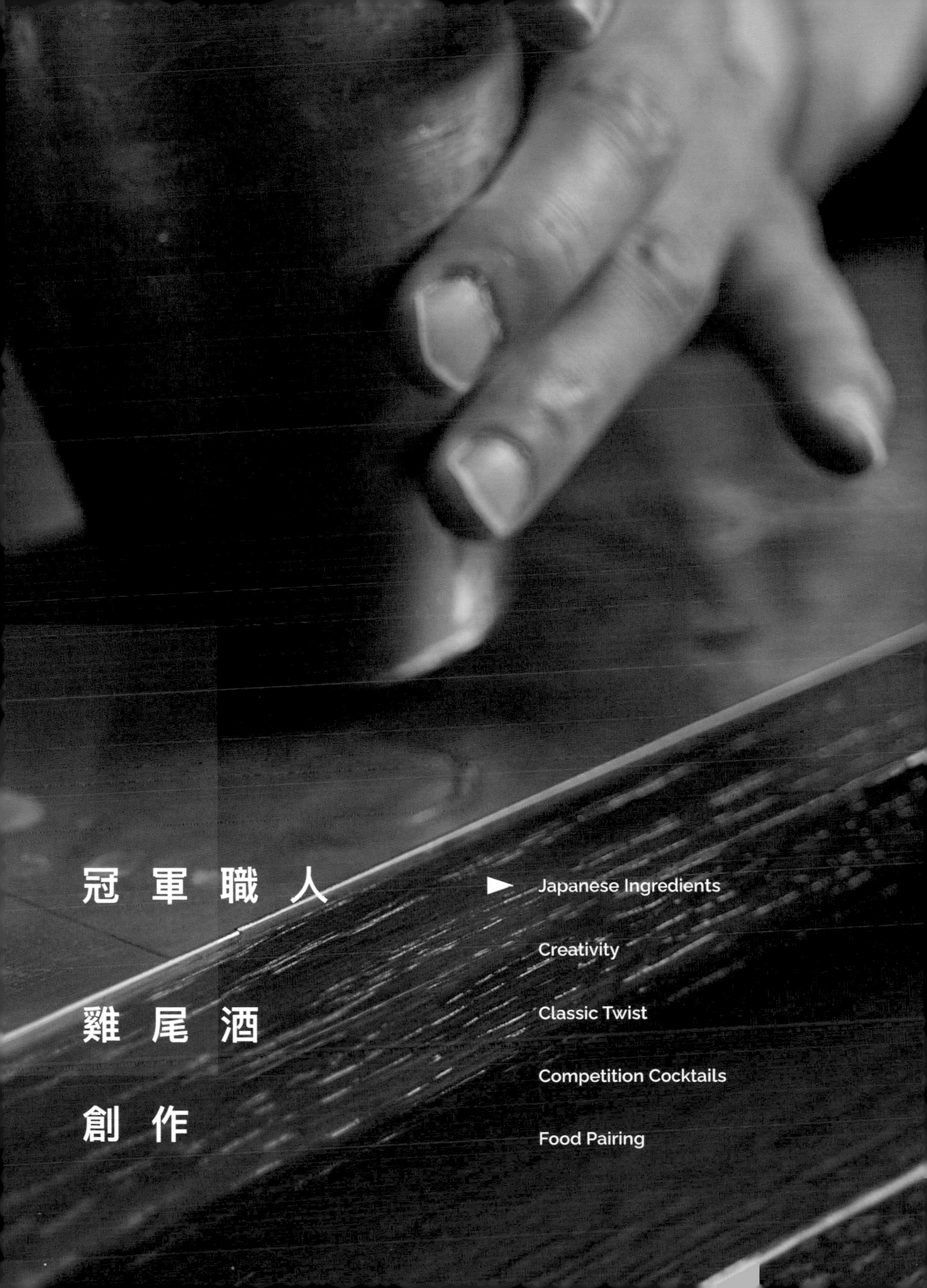

冠 軍 職 人

雞 尾 酒

創 作

► Japanese Ingredients

Creativity

Classic Twist

Competition Cocktails

Food Pairing

IN

TAKUMI'S PHILOSOPHY

在調酒創作裡，我喜歡使用時令食材作為風味元素，透過採用熟悉的在地素材，可以創造出擁有自己特色的雞尾酒。

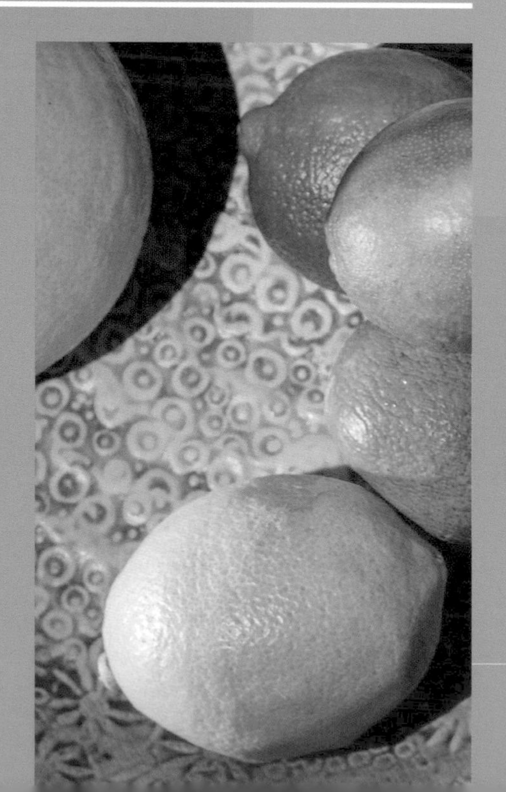

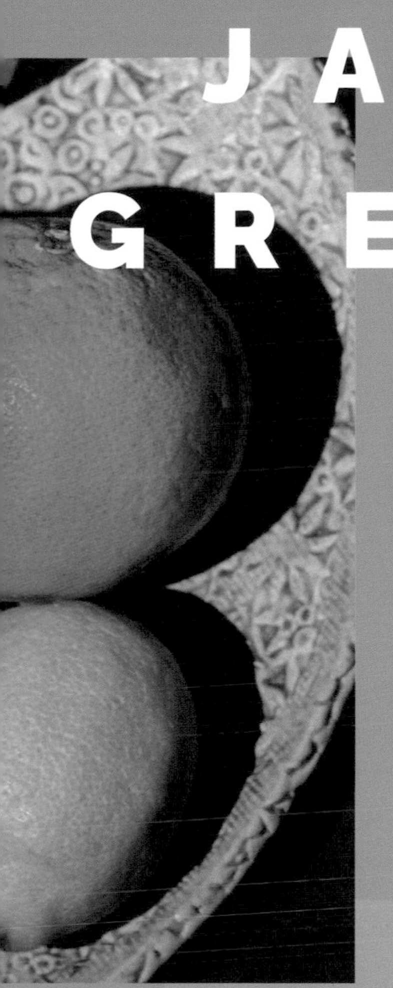

JAPANESE
GREDIENTS

海外的客座經驗裡，使用牛蒡、焙茶等材料，或者具有日本傳統形象的雞尾酒，常收到消費者的正向反饋。對於這些在自己成長過程中，出現在生活與餐桌上的材料，能更輕易地發揮出素材的優點。

而在日本，跨區域的旅行與出差非常盛行，像是北海道的人到了關西，可能會覺得該喝一下京都抹茶，如果這時端出一杯巧妙結合抹茶與調酒的飲品，就能讓人眼睛一亮。

對於雞尾酒而言，使用在地素材還有幾個優勢，其一是隨著季節變化，新鮮素材會在不同時令達到最佳的滋味，如春季有草莓、夏果秋栗、再到冬天的柑橘與梅子，在飲酒流動的時光裡，體驗無常即常的四季變化。

在時令素材的運用上，除了挑選當季材料之外，還有對消費者的考量，譬如在夏季酒單上放上添加苦瓜的調酒，可以祛除燥熱，奈良盛產的牛蒡也是我會選用的材料；冬季則放上帶有辛香，或口感比較飽滿溫潤的酒款供選擇。

另外可以善用所在地區的酒款。在日本，每個地區都有獨特的清酒與燒酎，透過當地的烈酒結合素材，創造出的雞尾酒，也許就成為了飲者難忘的一期一會。

GINJO MARTINI

材料
45mL KI NO BI Kyoto Dry Gin
15mL Japanese Sake Vermouth
Garnish: Olive

將所有材料注入攪拌杯中，加冰攪拌，充分冰鎮後倒入馬丁尼杯中。以橄欖作為裝飾物。

奈良被認為是清酒的發源地，酒廠歷經世代交替，年輕一代的繼承人及杜氏正致力為品牌帶來新的氣象。我到酒廠參觀後，提出了合作開發生產日本香艾酒的計畫。

Ginjo Martini 以日本琴酒為基底，加入奈良產的清酒香艾酒，讓這款改編雞尾酒具有獨特的香氣與鮮味，層次豐富，是 LAMP BAR 高人氣的雞尾酒。

冰塊在放入攪拌杯之前，先清洗過冰塊的表面，可以調整融水，讓酒感變得圓潤。

KISHU

材料
30mL Kanomori Gin*
20mL Lamp bitters
20mL Umeshu*
Garnish: Aka shiso* powder and Kanroni wakamomo*

於古典杯上製作紅紫蘇杯口。將所有材料注入放有方冰的古典杯中，攪拌冰鎮。以若桃作為裝飾物。

Lamp bitters
在750毫升的伏特加中放入300克柑橘果皮、1茶匙苦艾草、5顆小荳蔻、5克檜木、3克甘草、3克肉桂和10克牛蒡，靜置1天，過濾後加入液體重量25%的砂糖，隔水加熱，待砂糖溶化即完成。

在新加坡 Gibson Bar 客座調酒時創作的雞尾酒。以日本琴酒連結帶有檜木和牛蒡香氣的 Lamp bitters，梅酒的果香跟些許酸度產生悠長的尾韻，紅紫蘇的鹹度減緩了酒感，讓素材間的風味更加鮮明。細膩的苦味與木質調在這款調酒中是非常迷人的存在。

杯緣的紅紫蘇是市售的食用紫蘇粉，帶有鹹味及甜味，經常添加在日式的飯類料理中。

*Kanomori Gin：香之森琴酒。
*Umeshu：梅酒（うめしゅ）。
*Aka shiso：赤紫蘇（あかじそ）。即紅紫蘇葉。
*Kanroni wakamomo：若桃甘露煮。即糖漬若桃，帶有清新的青桃香氣。

LAMP NEGRONI

材料
30mL Kanomori Gin*
20mL Kina L'Aéro d'Or
20mL Lamp bitters*
2 dashes Wormwood tincture
1 drop White wine vinegar
Garnish: Grapefruit peel and Burned hinoki* paper

將所有材料注入放有方冰的古典杯中，攪拌冰鎮。以葡萄柚皮和火烤過的檜木薄片作為裝飾物。

Wormwood tincture
在 100 毫升 Smirnoff No. 57 中放入 5 克苦艾草，靜置 3 天，過濾後即完成。

以 Negroni 為原型進行改編。隨著市場掀起日本琴酒的流行風潮，LAMP BAR 決定開發新的雞尾酒。為了重新詮釋 Negroni 的改編，過程中，我先專注於創造一款獨特的草本利口酒，選用具有日本意象的素材：苦艾草、牛蒡，以及帶來森林香氣的檜木，創造出 Lamp bitters。

酒醋巧妙地連結起所有材料，將酒感隱藏起來。擺放上炙燒檜木紙及葡萄柚皮的組合，不僅只是裝飾物，而是透過香氣，完整串接了整個品飲體驗。

用火炙燒檜木薄片前，可先將其輕輕沾水，燃燒後所散發出來的香氣會更加鮮明。添加酒醋時請小心量測，避免過量導致太酸，致使香氣消失。

*Kanomori Gin：香之森琴酒。
*Lamp bitters：見 p.126 材料解說。
*Hinoki：檜（ひのき）。即日本黃檜。

SEIRYU

材料
30mL Beefeater Gin infused with sencha*
10mL Lemon juice
2tsp Wasanbon*
1tsp Wasabi*
60mL Champagne
Garnish: Wasabi

將香檳以外的材料加冰搖勻，注入放有長冰的高球杯中，倒入香檳，輕輕攪拌。現場磨製山葵，擺放於冰面上作為裝飾物。

Beefeater Gin infused with sencha
以 20 毫升、攝氏 70 度的熱水沖泡 4 克煎茶茶葉，待茶葉舒展開後取出，將其放入 300 毫升的 Beefeater Gin 中，冷藏 6 小時，過濾後即完成。冷凍保存。

以 French75 為原型進行改編，為新加坡的客座活動創作的雞尾酒。Seiryu 在日文裡意指乾淨的水。使用的煎茶產自奈良，茶香中帶有恬淡苦味，香氣令人感到舒適，山葵的微辣口感和琴酒的草本調性十分搭調，和三盆糖細膩的甜味將所有食材風味結合在一起，是一杯帶有辛香的爽口雞尾酒。

為確保最佳品質，調製雞尾酒前才進行山葵的研磨，製成山葵泥後，色澤及味道就會開始產生變化。香檳的氣泡能凸顯出這款酒中的植物香氣。

若煎茶茶葉浸泡的時間過長，會將澀味帶入琴酒，請留意浸漬的時間。

*Sencha：煎茶（せんちゃ）。
*Wasanbon：和三盆（わさんぼん）。產自日本香川縣和四川縣等四國地區的糖，是相當高級的砂糖種類。
*Wasabi：山葵（わさび）。

ZIPANGU AVIATION

材料
40mL Tanqueray No. TEN
5mL Luxardo Maraschino
10mL Lemon juice
10mL Yuzu honey*
2 sprays Shiso* solution
Sesame salt

於冰鎮過的雞尾酒杯上製作芝麻鹽杯口。將芝麻鹽、紫蘇溶液以外的材料加冰搖勻，倒入雞尾酒杯中，噴灑上紫蘇噴霧。

Shiso solution
在 200 毫升的伏特加中放入 3 片紫蘇葉，靜置 1 天，過濾後即完成。

Sesame salt
將 90 克白芝麻和 10 克鹽放入研缽中磨碎即完成。

以 Aviation 為原型進行改編。Zipangu（ジパング）意指日本國，顧名思義，這是一杯帶有日式情懷的 Aviation，以柚子、芝麻、紫蘇等在地食材，讓人連想到日本溫暖而恬淡、清雅的意象。

柚子蜜不易溶解，在搖盪之前，可以使用手持攪拌器先將材料混合均勻。

*Yuzu honey：柚子蜜。杉養蜂園的調味蜂蜜。
*Shiso：紫蘇（しそ）。即紫蘇葉。

467

材料
30mL Kikka Gin*
30mL Mimurosugi Junmai Ginjo
30mL Apple syrup
Garnish: Yuzu peel

將所有材料注入攪拌杯中，加冰攪拌，倒入放有方冰的古典杯中。以柚子皮作為裝飾物。

Apple syrup
以慢磨機榨取 400 毫升的蘋果汁，加入 300 克砂糖和 10 克蘋果酸，加熱攪拌，砂糖溶化即完成。冷藏保存。

以 Kikka Gin 及同樣產自奈良的純米大吟釀為主要材料，兩者皆採小批量製作，以品質優良著稱。柑橘和草本調性的琴酒，結合優雅細緻的日本酒，風味有如奈良給旅人的感受，清新又溫柔。

Kikka Gin 是首款出產自奈良的琴酒，我身為品牌大使，設計了這款能充分展現出地方特色的雞尾酒。在酒廠創廠之初，我和蒸餾廠的釀酒師一起製作蒸餾器，參與調整琴酒風味的過程，是非常難得且有趣的體驗。

我訂做了代表 Kikka Gin 的橘花銅章，將藍柑橘利口酒倒入壓印出的凹處，為其填上顏色。可以替換成自己喜歡的圖案壓印在冰塊上。

The Sailing Bar 附近有一座海拔 467 米高的山，吉本興業的喜劇演員中西哲夫便為這杯雞尾酒命名為 467。

*Mimurosugi Junmai Ginjo：三諸杉純米吟釀。

GYOKURO MARTINI

材料
30mL KI NO BI Kyoto Dry Gin
30mL Gyokuro* tea
10mL Sake infused with yomogi*
Yuzu zest
Garnish: Gyokuro tea leaf, Salt and 2 dashes Japanese Umami* Bitters

當場沖泡玉露，完成後加入其他材料混合均勻，放入 Hyperchiller* 中冰鎮 30 秒，直接注入冰鎮過的雞尾酒杯中，噴灑上柚子皮油。將沖泡過的玉露茶葉以小碟盛裝，滴上旨味苦精與少許鹽巴，與雞尾酒一同提供給顧客。

Sake infused with yomogi
在 300 毫升的清酒中放入 30 克艾草，靜置 1 夜，過濾後即完成。冷藏保存。

Gyokuro Tea
以 60 毫升、煮沸後降溫至攝氏 50 度的水沖泡 8 克玉露茶葉 2 分 30 秒，過濾後即完成。

KI NO BI Kyoto Dry Gin 使用 11 種素材，多數來自日本當地，其中包含日本綠茶，搭配艾草浸漬過的清酒，以及帶有甘甜鮮味的日本茶玉露，這是一杯融合傳統與現代、深具日式風格的 Martini。

使用品質優良的茶，在沖泡的環節需要更加留意，玉露的最佳沖泡溫度在攝氏 50 度左右，低溫沖泡帶出茶葉具鮮味成份的氨基酸，有著類似海苔的甘甜。不以搖盪或攪拌進行調製，而是透過 Hyperchiller 冷卻液體，一來減少融水，保有玉露的茶香，並能在短時間內完成降溫，卻不注入空氣，帶給雞尾酒冷冽醇厚的口感。

爲了使玉露保持在最佳狀態，調製雞尾酒前才進行沖泡。

*Gyokuro：玉露（ぎょくろ）。煎茶中胺基酸含量最高的一種。
*Yomogi：蓬（よもぎ）。即艾草。
*Umami：旨味（うまみ）。
*Hyperchiller：急凍瞬冰杯。可以讓液體快速降溫的器具。

TRIPLE S

材料
60mL Senbonzakura*
10mL Soy milk
10mL Brown molasses
30g Sweet potato
20g Mascarpone cheese
Salt
10g Crushed ice
Garnish: Cinnamon powder and Dried sweet potato

於冰鎮過的雞尾酒杯上製作鹽杯口。將鹽以外的材料和碎冰放入果汁機中，打勻後倒入雞尾酒杯中。撒上肉桂粉，擺放上地瓜乾為裝飾。

酒名裡的 S 分別代表： 燒酎（shochu）、豆漿（soy milk）和番薯（sweet potato）。參考了日本點心和菓子的製作方式，將蕃薯蒸熟，釋放出甜味與香氣。從食材的組合到調製手法，我以製作甜點的概念在創作這款酒，與其說是雞尾酒，稱它為一道甜點也許更恰當。

除了燒酎以外的材料都是放在冷藏保存，可以直接調製出適飲的溫度。

*Brown molasses：黑糖蜜。以黑糖與糖蜜等材料熬製的糖漿。這裡使用沖繩產的市售黑糖蜜。
*Senbonzakura：千本櫻。位在日本南九州的柳田酒造生產的芋燒酎，酒精度 25%。

ROASTED TEA HUNTER

材料
40mL Rurikakesu Rum*
infused with roasted tea
20mL Cherry Heering
10mL Luxardo Maraschino
2 drops Bob's Chocolate Bitters

將所有材料注入攪拌杯中，加冰攪拌，倒入冰鎮過的雞尾酒杯中。

Rurikakesu Rum infused with roasted tea
在 300 毫升的奄美大島金色蘭姆酒中，放入 30 克焙茶茶葉，靜置 1 天，過濾後即完成。

以 Hunter Cocktail 為原型進行改編。為了推廣日本產的蘭姆酒，使用九州鹿兒島地區的奄美群島金色蘭姆酒為基底。這款雞尾酒結合了日本茶葉的焙煎風味，讓蘭姆酒中焦糖、蜂蜜與橡木桶濃郁的香氣展露無遺。

對應到 Cherry Heering、焙茶與可可苦精，若能佐以櫻桃酒心的苦味巧克力作為裝飾物，進行搭配，會是很好的風味組合。

選用焙火程度較高的茶種來浸泡烈酒，會讓香氣更加濃郁。

*Rurikakesu Rum：奄美大島金色蘭姆酒。日本第一支金色蘭姆酒，產自奄美群島的德之島。

GEISHA'S WHITE

以藝妓妝飾面容所使用的白粉為靈感，揉合各樣日式食材：以白米釀製的白 Haku Vodka、京都產的氣泡清酒與甘酒，再加入德島縣產的酢橘汁平衡酸甜，是一杯風味細膩的氣泡雞尾酒。

材料

30mL Haku Vodka
30mL Amazake reduction
20mL Sudachi* juice
10mL Simple syrup
60mL Mio Sparkling Sake

將氣泡清酒以外的材料加冰搖勻，注入高腳杯中，加入冰塊，緩慢倒入氣泡清酒。

Amazake reduction

將甘酒煮沸，將液量揮發至原先液量的一半。

*Amazake：甘酒（あまざけ）。以米麴發酵製成的無酒精飲品。
*Sudachi：酢橘（すだち）。日本柚子的近緣種，富含檸檬酸。

KANEKO'S PHILOSOPHY

「你還記得第一次站進吧檯，調酒給客人的那個心情嗎？」

在全球巡迴的評審與客座中，分享創作調酒的秘訣時，我如是說。

CREATIVITY

我一直是以調酒師的身份，活躍在吧檯裡，帶著我走更遠的初心，是對於風味的不滿足。當把一杯經典做到極限後，我想帶給眼前的客人更多的可能，那種心情，就像第一次端酒給客人，兢兢業業地等待他的肯定。

過往的十幾年裡，雞尾酒迎來全新的面貌，使用了很多以往沒有出現過的材料與手法，調酒師在風味上的發展變得更廣闊，不管是發酵、澄清，或者是較為複雜的自製材料，在傳統的日本調酒裡都很少見，但對這時代的調酒師來說，都是值得一試的技巧。

別忘了，所有經典調酒，在當時的年代都是全新的創舉跟嘗試。對於現代調酒師而言，調酒資訊比起以往更容易取得，擁抱新方法創作雞尾酒，可以帶給雞尾酒更大的可能。

但要記得，技法只是工具、手段，調酒師可以透過新手法來堆疊風味，不代表複雜的製程就能帶來美味，仍須適當考量消費者的需求。有時候，簡單俐落就是最好的呈現。

AMBER TIME

材料
30mL Glenmorangie Original 10 YO
20mL Pedro Ximénez
5mL Sauternes
5mL Mariage Frères fruits rouges tea syrup
5mL White wine vinegar

將所有材料注入攪拌杯中，加冰充分攪拌，倒入冰鎮過的白酒杯中。

Mariage Frères fruits rouges tea syrup
在 200 毫升的水中放入 2.5 克的 Mariage Frères fruits rouges 茶葉，靜置 1 夜，過濾後加入 200 克砂糖，隔水加熱，待砂糖溶化完成。

2016 年，我為東京 TOKYO Whisky Library 研發一份八款雞尾酒的酒單。在 Glenmorangie 舉辦的活動中，我於現場擔任客座調酒師，親手演繹這款調酒。將蘇格蘭單一麥芽威士忌、雪莉酒與貴腐甜白酒，這三種擁有迥異香氣的材料結合，創造出一杯口感明亮且圓潤的雞尾酒。茶的單寧和酒醋讓風味更加立體。

Glenmorangie 的總釀酒師比爾博士（Dr. Bill Lumsden）也出席了這場活動，他在我為 Amber Time 打造的專屬杯墊上簽名，紀念這款以 Glenmorangie 為基底的雞尾酒。

CHOCOLATE CHAUD WHITE

材料
30mL Absolut Vanilia
110mL Milk
10mL Heavy cream
8 Valrhona Ivoire 35% Chocolate
Garnish: Marshmallow

於耐熱容器中放入牛奶、鮮奶油和巧克力，加熱至巧克力能融化的溫度，以手持攪拌器打勻。將香草伏特加加熱至冒出香氣，倒入雞尾酒杯中溫杯，再將伏特加倒入裝有巧克力溶液的容器中混合均勻，最後倒回酒杯中。以棉花糖作為裝飾物。

Chocolate Chaud Black
30mL Goslings Black Seal/Cointreau
100mL Milk
10mL Heavy cream
8 Valrhona Caraque 56% Chocolate
Garnish: Black pepper/Orange Zest

LAMP BAR 冬季裡的人氣熱飲雞尾酒系列。其中 Chocolate Chaud White 最甜，就像甜點一般迷人，香草、白巧克力與溶化的棉花糖是絕配。

以黑巧克力調製的 Chocolate Chaud Black 有兩個版本，基酒為陳年蘭姆酒，濃郁中帶點成熟的風味，現磨黑胡椒的辛香感是這款雞尾酒的亮點；以橙酒為基底的版本滿溢橙香，巧克力與柳橙構成的熱調飲，在冬日的雪夜裡十分暖身。

CLEAR PENICILLIN

材料
50mL Clear spiced whisky
10mL Champagne
1mL White wine vinegar
10mL Bowmore 10 YO infused with lapsang souchong tea*

將前三項材料注入放有方冰的古典杯中，攪拌冰鎮，緩慢倒入浸漬過正山小種的威士忌，使其漂浮在酒液上。

Clear spiced whisky
將 450 毫升的 Crown Royal Canadian Whisky、100 毫升的 spiced honey、100 毫升的優格、75 毫升的 Mariage Frères fruits rouges tea syrup、50 毫升萊姆汁和 15 毫升白酒醋混合後攪拌，放入冷凍庫靜置 1 夜，以咖啡濾紙過濾後即完成。

Spiced honey
將 750 毫升的蜂蜜、300 毫升的水、3 根肉桂棒、5 顆小荳蔻、0.2 克黑胡椒、1 個八角、1 茶匙肉豆蔻、10 克生薑粉和少許紅辣椒放入鍋中，以電磁爐低溫加熱 3 小時，過濾後即完成。冷藏保存。紅辣椒的辛辣感較重，可以根據個人喜好酌量添加，或做成無紅辣椒的版本。

Bowmore 10 YO infused with lapsang souchong tea
在 300 毫升的威士忌中放入 2.5 克正山小種茶葉，靜置 1 天，過濾後即完成。

以 Penicillin 為原型進行改編，在臺灣舉辦雞尾酒講座時創作的雞尾酒。以「透明的酒體裡藏著多變味道」為目標，將香料蜂蜜與果茶等風味融入威士忌中，藉由優格洗的手法使酒液變為透明。最後緩慢倒入帶有茶香的泥煤威士忌，使其漂浮於液面。是一杯喝起來口感溫和，卻隱藏著高酒精度的雞尾酒。

LAMP BAR 的香料蜂蜜也很適合加入無酒精飲料，快速增添獨特的飲品魅力。

*Mariage Frères fruits rouges tea syrup：見 p.146 材料解說。
*Lapsang souchong：正山小種。產自武夷山的一種紅茶，經松木燻製帶有煙燻味。使用的品牌為 Fortnum & Mason。

COLORLESS

材料
40mL Crown Royal Canadian Whisky (yogurt-washed)
15mL Manzanilla
10mL Champagne
5mL Lapsang souchong* tea syrup
5mL Monin lemongrass syrup
4mL White wine vinegar

將所有材料注入攪拌杯中混合，加冰攪拌，倒入無梗白酒杯中。

Crown Royal Canadian Whisky (yogurt-washed)
將 750 毫升的 Crown Royal Canadian Whisky 和 100 毫升的優格混合，放入冷凍庫靜置 1 夜，以咖啡濾紙過濾後即完成。

Lapsang souchong tea syrup
在 200 毫升的水中放入 2.5 克正山小種茶葉，靜置 1 夜，過濾後加入 200 克砂糖，隔水加熱，待砂糖溶化後即完成。

如同製作日式高湯時，以蛋白來過濾雜質，創造清爽乾淨的味道。優格中的乳酸為威士忌增添細緻的酸味，雪莉酒和香檳則帶來兼具清新與成熟的感受。

使用威士忌作為基酒，透過優格洗，酒體變得澄澈，酒精的感受也下降不少，是一杯可以輕鬆享用，並讓客人眼睛為之一亮的威士忌特調雞尾酒。酒液隨著時間升溫，味道會產生微妙的變化，請好好享受其中的樂趣。添加酒醋時請小心量測，避免過量導致太酸，致使香氣消失。

NORMANDY SPRITZER

材料
30mL Calvados
5mL Lemon juice
5mL Mariage Frères fruits rouges tea syrup*
30mL Appletiser
30mL Soda water
2-3 branches of Mint leaf
5 slieces of Apple
1 spray Rose water

將 Appletiser、蘇打水和玫瑰水以外的材料注入無梗紅酒杯中，加冰攪拌，倒入 Appletiser 和蘇打水，噴灑上玫瑰水。

以蘋果白蘭地為主題的長飲型雞尾酒，新鮮蘋果和薄荷創造出清爽沁涼、微帶果香的暢快感受，莓果茶糖增添細膩的複雜度。飲用時能聞到薄荷與玫瑰的香氣，是一杯非常輕鬆的消暑調酒。

蘋果跟玫瑰同樣屬於薔薇目薔薇科，風味上十分搭配。

*Mariage Frères fruits rouges tea syrup：見 p.146 材料解說。

TRIPLE GOLD

材料

20mL Johnnie Walker Gold Label
20mL Kina L'Aéro d'Or
20mL Sauternes
2 drops Rose water
2 dashes Fee Brothers Rhubarb Bitters

將苦精以外的材料注入放有方冰的古典杯中，充分攪拌冰鎮，於冰面上滴上大黃根苦精。

為 NHK La La La Classic（ららら クラシック）節目特別設計的雞尾酒，以古典音樂為主題進行創作。雖是以威士忌為基底，結合貴腐甜白酒與帶微苦的開胃酒，看似充滿酒精，但其實口感明亮清爽，相當易飲。配合悠揚的樂聲，一不小心就會把酒一飲而盡。

BROWN RHAPSODY

材料
40mL Johnnie Walker Black Label
15mL Pedro Ximénez
100mL Orange flavored kombucha
Garnish: Orange peel

將所有材料注入高球杯中，加冰攪拌。以柳橙皮作為裝飾物。

Orange flavored kombucha
以 1 公升的開水沖泡 4 包柳橙風味紅茶茶包，冒出香氣後取出茶包，加入 70 克砂糖。冷卻後加入紅茶菌母和發酵液，以紗布或透氣布料包覆容器開口。靜置在攝氏 20 度的環境，存放約莫 2 週後測試味道，如已發酵至想要的狀態即可過濾，移至冷藏保存。可添加橙皮調整風味。

康普茶是一種發酵茶飲，據聞起源於蒙古，後在西伯利亞等地被廣泛飲用。1970 年代，在日本曾風行過，近年因健康意識高漲又開始流行，全世界都找得到康普茶的蹤影。

因康普茶內含有大量透過發酵產生的有機酸，擁有清爽酸甜的多層次醋感，與同樣經由發酵製成的雪莉酒相當搭配。這款雞尾酒使用的材料都是褐色，所以命名為 Brown Rhapsody。

製作康普茶的菌母可以重複利用，菌母在經過幾個週期的培育後，風味會變得穩定。勿使用密閉容器製作康普茶，發酵產生的氣體壓力易造成容器碎裂，請特別小心。

康普茶發酵至理想狀態後，可過濾掉紅茶菌移至冷藏保存，減緩風味變化。

BUTTERFLY WALTZ

材料

45mL Bombay Sapphire London Dry Gin
45mL Butterfly pea tea
10mL Monin lavender syrup
15mL Lime juice
30mL Tonic water
1 dash Lavender essence*
Garnish: Edible flower

於冰鎮過的球型杯裡鋪滿食用花。將通寧水以外的材料加冰搖勻，注入雞尾酒杯中，緩慢倒入通寧水。

Butterfly pea tea

在 250 毫升的水中放入 4 克乾燥蝶豆花，靜置 5 小時，過濾後即完成。冷藏保存。

2019 年，為亞洲五十大酒吧上海 Speak Low 五週年客座活動所創作的雞尾酒。使用多種具有花香的材料，結合 Bombay Sapphire 琴酒厚實的草本調性，香氣在球型酒杯中釋放開來，就如同酒吧裡的錦簇花團。氣泡凸顯出豐富的花香，品飲時彷彿置身花園，看得見蝴蝶在眼前飛舞。

The Sailing Bar 使用當地小農栽種的食用花，配合季節，花卉的種類也會有所不同。

*Lavender essence：薰衣草精油。這裡使用的是市售薰衣草食品級香精。

CRYSTAL RUSSIAN

材料
300mL Vodka
150mL Kahlúa
100mL Milk
3g Citric acid
Garnish: Coffee beans

此為預先調製的雞尾酒。從冷藏取出，於放有方冰的古典杯中倒入 60 毫升。擺放上咖啡豆作為裝飾物。

Crystal Russian
將 300 毫升的伏特加、150 毫升的 Kahlúa 和 100 毫升的牛奶混合，調製成 White Russian，加入檸檬酸後混合均勻，冷藏 1 夜，以咖啡濾紙過濾後即完成。

牛奶裡的蛋白質會與檸檬酸進行反應，進而凝固，能將咖啡利口酒的顏色去除，使酒液轉變為透明。在晶瑩剔透的酒液之下，隱藏著咖啡香氣與牛奶的滑順口感，看似違和，卻也是驚喜之處。

除了檸檬酸以外，也可以嘗試替代成蘋果酸或混合兩種酸使用。這款酒若使用檸檬汁澄清，會使味道變得複雜且帶有苦味，較不合適。

KISS ME MARGARITA

材料

45mL Don Julio Añejo
25mL Grand Marnier
30mL Chocolate drink
Shichimi*
Garnish: Chocolate Ganache and Cinnamon powder

於雞尾酒杯內壁以巧克力甘納許繪製圖樣，放入冰箱冷卻。 將所有材料加冰搖勻，倒入雞尾酒杯中。撒上肉桂粉作為裝飾物。

特別為情人節準備的浪漫雞尾酒。以 Margarita 為原型進行改編。Don Julio Añejo 龍舌蘭具有複雜的蜂蜜和焦糖香氣，又帶點橡木與黑胡椒的辛香，與巧克力和肉桂相當搭配。品嚐時有如與戀人親吻，濃郁而甜蜜。

選擇巧克力飲品而非原型的巧克力，原因在於，液體材料易於混合，加冰搖盪時也不會因此凝固，可依照個人喜好挑選巧克力飲品。另外可於杯口擺放薄荷作為裝飾，經過拍打的薄荷葉，帶來格外清新的香氣，與濃郁口感形成有趣的對比。

可以將巧克力飲品等量代換成 GODIVA 巧克力利口酒，創造更濃郁醉人的風味。

*Shichimi：七味（しちみ）。即七味粉。

PROPUESTA DE ROSA

材料
40mL Hendrick's Gin
20mL Lime juice
20mL Hibiscus and rosehips tea
10mL Rose syrup
1 spray Rose water
Garnish: Rose ice, 2-3 pieces of Dry rose petals

將玫瑰水以外的材料加冰搖勻，倒入盛有玫瑰冰塊的酒杯中。以玫瑰花瓣作為裝飾物，於花束上噴灑玫瑰水。

Hibiscus and rosehips tea
在 300 毫升的常溫水中放入 7 克乾燥洛神花和 3 克乾燥玫瑰果，浸泡 3 小時，過濾後即完成。

Rose syrup
將 500 毫升的糖漿和 500 毫升的玫瑰水混合，加入 3 茶匙食用玫瑰花粉末。

Rose ice
將食用玫瑰花粉末溶於礦泉水，倒入玫瑰狀的矽膠容器中冷凍。

Propuesta de Rosa 是西班牙語，意指玫瑰般的浪漫求婚。以求婚時送上的玫瑰花束作為靈感，花束作為整體呈現的一部分，將盛有玫瑰狀冰塊的華麗雞尾酒放置在開口處，就像真正的玫瑰花束。

帶有玫瑰與小黃瓜的 Hendrick's Gin 細膩而清爽，玫瑰果茶味道上較恬雅，加入洛神花能增加酸爽的風味。Hendrick's Gin 與玫瑰相當搭配，需注意酸甜平衡的控制，避免掩蓋住細緻的花香。玫瑰花粉末來自福井縣的玫瑰農園，由天然的玫瑰製成。

我常在顧客生日或是結婚紀念日時調製這款酒，視覺與味覺上都是浪漫的驚喜。

SILKY WHISKY SOUR

材料
60mL Maker's Mark Bourbon Whisky (yogurt-washed)
20mL Lemon juice
10mL Simple syrup
1 Egg white
Garnish: Lemon peel

將所有材料放入波士頓雪克杯中，乾式搖盪*後加冰搖勻，經雙重過濾*，倒入酸酒杯中。削上檸檬皮作為裝飾物。

Maker's Mark Bourbon Whisky (yogurt-washed)
將 700 毫升的 Maker's Mark Bourbon Whisky 和 150 毫升的優格混合，放入冷凍庫，靜置 1 夜，以咖啡濾紙過濾後即完成。

2019 年，為 MOTOWN TAIPEI 客座活動所設計的雞尾酒。

經過優格洗的威士忌色澤透明，顛覆一般人對威士忌琥珀色的想像，也增添不同於檸檬味道的細緻酸度，帶來更多的層次變化。以其作為基酒調製而成的 Whisky Sour，給人如檸檬塔般清香酸爽的優雅感受。

波本威士忌多採用「Whiskey」拼法，Maker's Mark 卻是「Whisky」，所以酒名也改為相應的 Silky「Whisky」Sour。

* 乾式搖盪：dry shake。不加冰塊，直接將材料放入搖酒器內進行搖盪的手法，一般目的是為了打發蛋白類型的雞尾酒。
* 雙重過濾：double strain。也稱作二次過濾，除了波士頓雪克杯的隔冰器與三件式搖酒器本身的濾冰功能外，使酒液流經另外的濾網注入杯中，可以過濾掉細小的碎冰與果渣。

SMOKEY RUM MARTINEZ

材料
45mL Ron Zacapa 23
45mL Carpano Antica Formula
5mL Luxardo Maraschino
2 dashes Angostura Bitters
Sakura and Whiskey barrel wood chips

於煙燻槍裡放入櫻花木片和威士忌桶木片點燃，將煙灌入玻璃瓶中。將所有材料注入攪拌杯中，攪拌冰鎮，倒入充滿煙霧的容器中，旋轉玻璃瓶，使香氣滲入雞尾酒中，連同煙霧將酒液緩慢倒入雞尾酒杯中。

以 Martinez 為原型進行改編，將琴酒替換為陳年蘭姆酒，和煙燻香氣更為搭配。使用煙燻槍製造出櫻花木和威士忌橡木的煙霧，透過輕微搖晃讓香氣與酒液混合，增添雞尾酒的層次變化。

煙燻槍裡可擺放櫻花木、山核桃木、山毛櫸等不同種類的木屑，若替換成肉桂、紅茶等不同於木質調的材料，製造出來的煙霧也能帶來令人耳目一新的感受。

2011 年時，Bar Times 前來拍攝我調製 Smokey Rum Martinez 的影片並上傳至 Youtube，累積超過 90 萬觀看人次。有外國調酒師因為看到這部影片，特地跑來 The Sailing Bar 喝雞尾酒。

這杯雞尾酒非常適合搭配雪茄享用！

SUN & SAN

材料
40mL The Chita Single Grain Japanese Whisky
30mL Kazanomori*
20mL Jabara* juice
3tsp Jabara marmalade
1tsp Simple syrup
1 Egg white
Garnish: Edible gold leaf

將所有材料放入波士頓雪克杯中，乾式搖盪後加冰搖勻，經雙重過濾後，倒入茶碗中。撒上少量金箔作為裝飾物。

燦（さん，拼音為 san）在日文裡是明亮的意思，讀音和英文的太陽相同。使用日本知多單一穀物威士忌跟奈良縣產的風之森清酒，與和歌山邪祓香橙清爽的風味相當搭配。源自關西地區特有的柑橘，創造出清爽酸香的獨特滋味。

在台灣若買不到邪祓香橙果汁與果醬，可以使用柚子汁和柚子醬作為替代。

這杯雞尾酒以京燒茶碗作為杯具，我喜歡為設計的酒款挑選符合其風格的杯具。

*Jabara：邪祓（じゃばら）。邪祓香橙外觀類似柚子，帶有檜木香氣與豐富酸度的柑橘果類。
*Kazenomori：風之森。產自奈良縣的清酒。

UNCOMPLETED LEMON CAKE

材料
45mL Cîroc infused with lemon peel
15mL Lemon juice
10mL Suze
15mL Cointreau
5mL Simple syrup
20g Lemon curd*
Garnish: Gouda cheese powder and Lemon zest

將所有材料放入搖酒器中，以手持攪拌器打勻，加冰充分搖盪，倒入雞尾酒杯中。削上起司屑，使其鋪滿液面，噴灑上檸檬皮油。

Cîroc Vodka infused with lemon peel
將 3 顆檸檬切下檸檬皮，放入 700 毫升的 Cîroc 中，靜置 3 天即完成。

以獨一無二的高腳西式茶杯為創作起點，開發一款適合於下午茶時光開喝的雞尾酒。結合酸爽的檸檬及濃郁起司，像在和煦的午後享用清爽迷人的檸檬蛋糕。

檸檬酪不易溶解，開始搖盪前先使用手持攪拌器混合為佳，將檸檬酪加入君度橙酒中製成材料也是個好方法。可以依照個人喜好，選擇不同種類的起司，帶有甜味的乳酪會讓風味變得更加甜美。

酒杯是歐洲設計師的作品，杯子破損後保留底座，以英式茶具黏合，創造出看似漂浮半空中，帶有獨特美感的高腳茶杯。

*Lemon curd：檸檬酪。一種甜味抹醬，由檸檬、砂糖、奶油與蛋製成。

TAKUMI'S PHILOSOPHY

改編經典雞尾酒的「深知」與「新知」

當我 2010 年站上 World Class 舞台拿下日本冠軍時，距離我開始接觸調酒，已經有 20 年的時間，緊接著三年內，三度獲得日本冠軍。我把這樣的成功，歸功在這段時間內不斷累積的基礎，才能有這樣的成績，這就是我想提到的深知。

在日文的發音裡，" 深知 "、" 新知 " 幾乎是一樣的，而我認為所謂的新知，其實就是建立在深知上的。大部分的調酒概念運用，基本上是建立在對雞尾酒風味結構的認識，而創作出新的雞尾酒，正是建立在扎實的基礎上。

以 Takumi's Aviation 解構經典改編

經典調酒的改編（Classic&Twist），我會從幾個層面來切入「素材的風味解構」、「歷史」、「現代時空背景」。

以 Takumi's Aviation 為例，表面上我只花了數分鐘的時間，端上一杯評審都很喜歡的經典調酒改編，但是每一種材料的選擇，以及這杯酒完整呈現的內涵，都是有所依據的，也就是建立在所謂的「深知」，帶出以上的三個層面。

在 World Class 世界賽場上，直到會場，我才發現沒有我慣用的紫羅蘭利口酒。考量到在歷史上，其實較廣為流行的版本是 Harry Craddock 於《The Savoy Cocktail Book》中的版本，所以我並沒有一定需要使用紫羅蘭利口酒。

CLASSIC TWIST

我使用 Marie Brizard 的紫柑橘利口酒，來取代 1916 年 Hugo R. Ensslin 版本中的紫羅蘭酒，其重要的原因就是 Aviation 誕生的時空背景，那是萊特兄弟剛把飛機送上天空的年代，我認為 Aviation 這杯雞尾酒，是建立在當時民眾對於天空的嚮往，所以才用紫柑橘酒取代紫羅蘭酒調色。

而為了搭配紫柑橘酒獨特的花香調，提升整杯酒的完整度，在黑櫻桃酒的選擇上，我捨棄較為傳統的 Luxardo，轉而使用果香調更鮮明的 Giffard Maraschino。

材料的選擇，都是圍繞著指定用酒 Tanqueray No. TEN，其中考量，就包含了我對經典調酒改編「現代時空背景」的認識。Tanqueray No. TEN 是 2000 年問世的，跟雞尾酒逾百年的歷史相比，其實是非常新的產品，要怎麼樣透過其他材料的選擇，來突顯基酒獨特的柑橘調性，就很重要了。

Takumi's Aviation 正是建立在我當時二十年調酒基礎上，所創造出來具有我想法的經典雞尾酒改編。雖然 Takumi's Aviation 已經是十年前的作品，不過仍是一杯值得作為經典雞尾酒改編的借鏡。在過去十年的調酒發展中，也有更多新的技術、飲食概念，以及能使用的雞尾酒素材，包含自製材料的普及。

這些概念，都能運用到經典調酒的改編當中，請盡情享受如何在經典雞尾酒的美味基礎上，加上獨到的想法與概念，創作一杯屬於自己的改編雞尾酒。

BANANA DARK 'N' STORMY

材料

35mL BACARDÍ Carta Blanca infused with banana
10mL Spiced honey*
5mL Lapsang souchong tea syrup*
15mL Lime juice
30mL Wilkinson dry ginger ale
30mL Soda water
Garnish: Dried banana chip and Spice powder

將薑汁汽水與蘇打水以外的材料放入陶杯中，加冰攪拌，倒入薑汁汽水和蘇打水，鋪滿碎冰。以乾香蕉片為裝飾物，香料粉撒在香蕉片上。

B&B&B

35mL Banana butter bourbon
10mL Spiced honey
5mL Lapsang souchong tea syrup
15mL Lime juice
30mL Wilkinson dry ginger ale
30mL Soda water
Garnish: Dried banana chip and Spice powder

BACARDÍ Carta Blanca infused with banana

將 1 根香蕉連皮切片，放入 750 毫升的 BACARDÍ Carta Blanca 中，靜置 1 天，過濾後即完成。冷凍保存。

Spice powder

以均質機將 15 根肉桂棒、25 顆小荳蔻、1 克黑胡椒、5 個八角、5 茶匙肉豆蔻和 50 克生薑粉研磨成粉狀即完成。

Banana butter bourbon

將 1 根香蕉和 40 克奶油以平底鍋翻炒。將其放入 700 毫升的 Jim Beam 中，靜置 1 夜，以咖啡濾紙過濾後即完成。冷凍保存。

以 Dark 'n' Stormy 為原型進行改編。添加與蘭姆酒相性良好的香蕉浸漬，佐以香料蜂蜜，創造清爽辛香的風味。

最初的版本以蘭姆酒為基底，之後我思考將基酒更換為威士忌的可能性，創作出另外一款雞尾酒：B&B&B。酒名裡面的三個 B 分別代表：香蕉（Banana）、奶油（Butter）和波本威士忌（Bourbon）。藉由香蕉與奶油一同翻炒，產生梅納反應與焦糖化，帶來格外飽滿的香氣，與波本威士忌的滋味完美融合。

相較 Banana Dark 'n' Stormy，B&B&B 更適合喜歡濃郁風味的人。

*Spiced honey：見 p.150 材料解說。
*Lapsang souchong tea syrup：見 p.152 材料解說。

CLEAR RUM & CXXE

以全世界廣受歡迎的可口可樂進行發想，目標是製作出操作簡單，且再現性高的雞尾酒，結合傳聞的素材情報開始試做。使用天然的材料進行創作，比起經典的蘭姆酒可樂，表現出更加清爽無負擔的口感。

材料
35mL BACARDÍ Reserva Ocho (yogurt-washed)
20mL Cola syrup
10mL Lime juice
60mL Soda water
Garnish: Lime slice

將蘇打水以外的材料加冰搖盪，注入放有長冰的高球杯中，緩慢倒入蘇打水，輕輕攪拌。擺放上萊姆片作為裝飾物。

BACARDÍ Reserva Ocho (yogurt-washed)
將 750 毫升的 BACARDÍ Reserva Ocho 和 100 毫升的優格混合，放入冷凍庫靜置 1 夜，以咖啡濾紙過濾後即完成。

Cola syrup
將 0.5 顆柳橙、1 顆萊姆、1 顆檸檬切片；肉豆蔻、小豆蔻、可樂果（kola nut）、丁香、芫荽籽各 2.5 克，肉桂 1.5 克。將前述所有材料放入 200 毫升的水中，煮沸後靜置 1 夜，過濾後加入與液體等重的砂糖和 3 滴香草苦精即完成。

CLYNELISH BLOSSOM

材料

40mL Clynelish 14 YO
10mL Apple juice
15mL Lemon juice
1 Egg white
10mL Mariage Frères fruits rouges tea syrup*
2 sprays Salt solution
4 drops Gelatine bitters

於搖酒器中放入蛋白，噴灑鹽水後放入其他材料，以手持攪拌器打發，加冰搖盪，經雙重過濾後，倒入雞尾酒杯中，在液面上滴上苦精。

Salt solution

在 100 克的水中放入 4 克的鹽，攪拌至鹽溶化即完成。

Gelatine bitters

將 20 毫升的 Peychaud's Bitters 和 20 毫升的柑橘苦精混合，逐次少量加入三仙膠，直至液體產生稠度後即完成。

想創作一杯「不」以波本威士忌為基底的 Whisky Sour，Clynelish 本身帶有甜美的蜂蜜氣息，以蘋果連結威士忌細膩的柑橘香氣，是款香氣和口感都十分細緻優雅的 Whisky Sour。

Clynelish 在蘇格蘭人傳統語言的蓋爾語中，意指花園的緩坡。透過蘋果、檸檬與莓果間的組合，帶出威士忌原生性細膩的甜美調性，隱約之中，似乎感受得到來自蒸餾廠後花園的花香。

噴灑鹽水使蛋白容易打發，並去除蛋腥味。

*Mariage Frères fruits rouges tea syrup：見 p.146 材料解說。

EL PRESIDENTE

LAMP BAR Edition

材料
40mL Smoked rum
15mL Lustau Vermut Rojo
10mL Del Monte cranberry juice
5mL Grenadine
5mL Lapsang souchong tea syrup*
2mL White wine vinegar
Garnish: Orange zest

將所有材料注入攪拌杯中，加冰充分攪拌，倒入雞尾酒杯中，噴灑上柳橙皮油。

Smoked rum
將半顆俄羅斯產、帶有煙燻風味的西洋梨切片，放入果乾機中烘乾。將其放入 750 毫升的 BACARDÍ Reserva Ocho 中，靜置 2 天，過濾後即完成。

因俄羅斯產西洋梨不易入手，這裡提供另一個作法：以少量熱水沖泡 9 克焙茶茶葉，待茶葉舒展開後取出，放入 750 毫升的 BACARDÍ Reserva Ocho 中，靜置半日，過濾後即完成。可以依照個人喜好，添加果乾和焙茶用量。

Grenadine
將 100 毫升的現榨紅石榴汁和 120 克砂糖混合，隔水加熱，待砂糖溶化後即完成。

以 El Presidente 為原型進行改編。這是我在俄羅斯 Delicatessen Moscow 酒吧初次品飲到的經典調酒，因為太好喝了，回到日本後我著手進行改編，創作出這杯煙燻與果香並存的 El Presidente。

*Lapsang souchong tea syrup：見 p.152 材料解說。

ESPRESSO MARTINI

LAMP BAR Edition

材料
40mL Vodka
45mL Espresso
1tsp Campari
10mL Mariage Frères fruits rouges tea syrup*
Garnish: Dark chocolate and 3 Coffee beans

將義式濃縮咖啡以冰水隔水降溫至常溫。將所有材料加冰搖勻，經雙重過濾，倒入雞尾酒杯中。削上黑巧克力，擺放上 3 顆咖啡豆作爲裝飾物。

這是 LAMP BAR 的 Espresso Martini 配方，以「加入簡單的材料使 Espresso Martini 變得獨特」為目標，以 Campari、黑巧克力和咖啡豐厚苦味的深度，茶單寧則帶出悠長的回甘尾韻。

Campari 的用量可依照個人喜好增減，味道平衡即可。注入酒液時，可將濾網的尖端稍稍浸入液面，這樣能使搖盪產生的泡沫更綿密。

*Mariage Frères fruits rouges tea syrup：見 p.146 材料解說。

MOSCOW MULE

LAMP BAR Edition

材料
35mL Vodka infused with lemon myrtle
10mL Spiced honey*
15mL Lime juice
45mL Ginger ale
45mL Soda water
2 dashes Bitters
Garnish: Lime slice and Spice powder*

將薑汁汽水、蘇打水、苦精以外的材料注入銅杯中，攪拌後依序放入冰塊、蘇打水和薑汁汽水，輕輕攪拌，滴上苦精。以萊姆片作為裝飾物，香料粉撒在萊姆片上。

Vodka infused with lemon myrtle
在 750 毫升的伏特加中放入 2.5 克檸檬香桃木，靜置 1 天，過濾後即完成。

Moscow Mule 作為一杯廣受大眾喜愛的雞尾酒，不只可以在酒吧品嚐到，於生活裡的其他場合，像是美式餐廳與居酒屋，也能輕鬆來上一杯。香料蜂蜜讓改編的 Moscow Mule 具有更豐富的辛香層次，檸檬香桃木增添鮮明的柑橘調性，凸顯出香料的風味，是 LAMP BAR 非常有人氣的經典雞尾酒。

*Spiced honey：見 p.150 材料解說。
*Spice powder：見 p.178 材料解說。

OLD HIGHLAND FASHIONED

材料

40mL Clynelish 14 YO
10mL Rittenhouse Straight Rye Whisky
5mL Honey
5 dashes Angostura Bitters
2 dashes Bob's Vanilla Bitters
5mL Soda water
Garnish: Orange peel, Cherry and Charred cinnamon branch

將蜂蜜、苦精與蘇打水放入古典杯中，混合均勻後放入其他材料，加入方冰，攪拌冰鎮。以橙皮、櫻桃及炙燒過的肉桂作為裝飾物。

Old Fashioned 原始酒譜以波本威士忌為基底，因喜愛蘇格蘭威士忌的顧客要求進行改編，結果廣受好評，自此成為 LAMP BAR 的常態性雞尾酒。蘇格蘭威士忌香氣上較為溫和，添加少許的裸麥威士忌，可以補足原版 Old Fashioned 具有的辛香感。Clynelish 本身即帶有的蜂蜜調性，與加入的蜂蜜完美連結。

可以依照個人喜好，選用其他蘇格蘭威士忌，創造出獨一無二的 Old Fashioned。在 LAMP BAR，以日本威士忌為基底的 Old Fashioned 也很受歡迎，可以嘗試用相應風味的苦精，來連結選用基酒所具有的味道。

蜂蜜在低溫下不易溶解，加入冰塊之前先與蘇打水和苦精拌勻。

SANSHOU GIMLET

材料
50mL Tanqueray No. TEN infused with sanshou*
20mL Lime juice
10mL Gin syrup
Garnish: Sanshou leaf

將所有材料加冰搖勻，倒入雞尾酒杯中，於冰面上擺放山椒葉作為裝飾物。

Tanqueray No. TEN infused with sanshou
在 750 毫升的 Tanqueray No. TEN 中加入 9 克山椒粒和 0.5 克山椒葉，靜置 1 夜，過濾後即完成。

Gin syrup
將 Tanqueray No. TEN 和砂糖等比例混合，隔水加熱，待砂糖溶化後即完成。

參訪橫濱的 Number Eight Distillery 時，喝到以山椒為原料的蒸餾液而獲得靈感。透過反覆嘗試，發現山椒粒經過水煮，會產生溫和的辛辣感，而新鮮山椒葉清爽的香氣，與琴酒裡的柑橘調產生良好的風味連結。這是一款有著清新明亮口感、能感受到日本春天氣息的雞尾酒。

使用自製琴酒糖漿，能使結構簡單的雞尾酒風味更加集中。

*Sanshou：山椒（さんしょう）。

COVE

材料
30mL Taketsuru Pure Malt Whisky
30mL Cynar
30mL Mancino Vermouth Rosso Amaranto
3 dashes Bitterlyne Orange Bitters
Garnish: Orange peel

將所有材料注入攪拌杯中，加冰充分攪拌，倒入雞尾酒杯中。以柳橙皮為裝飾物。

這杯雞尾酒收錄在 2015 年 Gary Regan 撰寫的《101 Best New Cocktails Volume IV》中。

自 2014 年起，我開始擔任日本竹鶴純麥威士忌的品牌大使。竹鶴由余市與宮城峽單一麥芽威士忌調和而成。我以余市酒廠所在的余市灣進行發想，結合 Manhattan 與 Boulevardier 的優點改編。可以依個人喜好替換甜或不甜的香艾酒，創造出新的雞尾酒，細細品嚐材料替換後各自擁有的魅力。

烈酒、苦酒及香艾酒為結構的經典調酒十分常見，像是 Old Pal 與 Hanky Panky 等。以日本威士忌調製這類調酒，可以創造出新的風味可能。

原始的酒譜使用 Regan No.6 Orange Bitters，近來我則改採用 Bitterlyne Orange Bitters，兩種苦精給這款雞尾酒帶來不同的風味詮釋。

我和朋友在余市蒸餾廠擁有一桶預計陳年 10 年的威士忌，將在 2025 年進行裝瓶，迫不及待地想使用到時裝瓶的威士忌調製 Cove。

Atlanta

DARK EYES

材料

30mL The Yamazaki Single Malt Japanese Whisky
20mL St-Germain with bamboo charcoal powder
10mL Bols Crème de Cacao Brown
1tsp Fernet Branca
Garnish: Bamboo leaf and Black olive

將所有材料注入攪拌杯中，加冰充分攪拌，倒入放有竹葉和方冰的古典杯中，以黑橄欖作為裝飾物。

St-Germain with bamboo charcoal powder

在 100 毫升的 St-Germain 中放入 0.5 克食用竹炭粉即完成。

2019 年為亞洲五十大酒吧、位於上海的 Speak Low 五週年客座創作的調酒。

以老廣場（Vieux Carré）為原型進行改編，東方人的黑色眼眸作為靈感。使用醇厚的山崎威士忌為基底，接骨木花利口酒帶有花香與些微酸度，讓看似高酒精度的雞尾酒十分順口易飲。竹葉作為裝飾物，竹子除了是東方文化的象徵，同時也呼應環繞在山崎蒸餾廠周圍的青翠竹林。

St-Germain 裡的竹炭粉會沉積在瓶底，使用前將其搖勻。

IMO COFFEE NEGRONI

材料
30mL The SG Shochu IMO
30mL Campari
30mL Carpano Antica Formula infused with coffee beans
3 dashes Chocolate bitters
Garnish: Orange peel

將所有材料注入攪拌杯中，加冰攪拌，倒入放有方冰的古典杯中。以柳橙皮作為裝飾物。

Carpano Antica Formula infused with coffee beans
在 700 毫升的 Carpano Antica Formula 中放入 100 克哥斯大黎加藝伎咖啡豆，靜置 3 天，過濾後即完成。咖啡豆下沉至酒底，代表味道已浸入香艾酒中。

以 Negroni 為原型進行改編。使用風味飽滿的日本芋燒酎為基酒，Campari、咖啡及苦精帶來的深邃風味，讓雞尾酒的層次顯得豐富。浸漬入香艾酒的咖啡豆，可以依個人喜好，選擇不同烘焙深度的咖啡豆。

Negroni 的材料結構簡單，僅以琴酒、香艾酒與 Campari 調製而成。若想呈現 Negroni 的精髓，在改編中不應過於複雜，選擇每一樣材料時需更加謹慎。

通常芋燒酎的酒精濃度是 25%，The SG Shochu IMO 則有 38%，酒體飽滿，十分適合拿來用在調酒當中。此外還有麥燒酎、米燒酎等其他類型，也都非常適合用於改編經典雞尾酒。

The SG Shochu IMO 是我的好友後閑信吾所開發，咖啡豆則是友人加藤慶人為了這款雞尾酒特別烘焙的。

RED THORN

材料
45mL Irish whiskey
30mL Mancino Vermouth Secco
15mL Raspberry syrup
5mL Lemon juice
2 dashes Green Chartreuse
2 dashes Absinthe
Garnish: Lemon peel

將所有材料加冰搖勻，經雙重過濾，倒入雞尾酒杯中。以檸檬皮作為裝飾物。

Raspberry syrup
將 200 克覆盆子和 150 克砂糖以低溫加熱，攪拌至砂糖溶化後靜置冷卻，過濾後即完成。

這杯雞尾酒收錄在Jared Brown和Anistatia Miller共同撰寫的《The Deans of Drink》，以及 Gary Regan 的《101 Best New Cocktails Volume III》中。

以 Black Thorn 為原型進行改編，同樣使用愛爾蘭威士忌作為基酒，營造出優雅的基調。加入少量帶草本調性的酒，增加複雜的味道層次。另外，也可以加入風味溫和的苦精，會有不一樣的風味感受。

現代雞尾酒會使用紅石榴糖漿，但在 19 世紀後期，大多是使用覆盆子糖漿。

ROBE NOIRE

材料
15mL Rémy Martin V.S.O.P infused with lady grey tea*
45mL Cointreau Noir
15mL Orgeat syrup
15mL Lemon juice
Garnish: Black olive and Edible gold leaf

將所有材料加冰搖勻，倒入雞尾酒杯中，以貼上金箔的黑橄欖作為裝飾物。

Rémy Martin V.S.O.P infused with lady grey tea
在 500 毫升的 Rémy Martin V.S.O.P 中放入 10 克仕女格雷伯爵茶葉，靜置 1 天，過濾後即完成。

Orgeat syrup
將 300 克杏仁果仁去掉外殼，和 600 毫升的水放入鍋中，直到液量揮發至剩餘 500 毫升時，加入 500 克砂糖，加熱攪拌，待砂糖溶化後過濾，加入 5 毫升的橙花水即完成。可使用 Monin 的杏仁糖漿替代。

Robe Noire 在法文裡的意思是黑色禮服。Cointreau 品牌創始人之一的 Louisa Cointreau，在她創業的同時，也積極推動女性社會角色的平等，這款雞尾酒以她身穿黑色禮服的身姿為靈感，結合 Sidecar 為原型進行改編。

這份酒譜的可塑性很廣，可以嘗試改變浸漬的茶葉種類，茉莉花茶、薄荷茶與煎茶都是很好的選擇。在調製上，Cointreau Noir 自身結合了白蘭地的陳年風味及高酒精度，帶來飽滿平衡的口感。

以深色烈酒為基底的調酒，建議採用雙重過濾，以免碎冰稀釋風味。

*Lady grey tea：仕女格雷伯爵茶。伯爵茶的一種變種，添加有檸檬和柑橘果皮。

TAKUMI'S AVIATION

材料
45mL Tanqueray No. TEN
30mL Giffard Maraschino
20mL Lemon juice
5mL Marie Brizard Parfait Amour
Garnish: Lemon peel

將所有材料加冰搖勻，倒入雞尾酒杯中，以檸檬皮作為裝飾物。

Gary Regan 在 2010 年於雅典品飲完這杯 Aviation 時，雙手合十，仰望天空，說這是他所嚐過最美味的 Aviation。此後，這杯雞尾酒時常在他的雞尾酒文章裡被提及，也收錄於他所撰寫的《The Joy of Mixology》增修版當中。

以 Aviation 為原型進行改編，這杯雞尾酒的風味簡單，所以材料的選擇非常重要。使用加入新鮮水果進行蒸餾的 Tanqueray No. TEN 為基底，搭配圍繞基酒選用的黑櫻桃利口酒，和帶有果香的紫柑橘利口酒，創造出全然不同於原版的風味，甜美中帶有和諧的層次，是我個人十分喜愛的味道。

使用 snap shake 進行搖盪，可以讓這款雞尾酒的口感更加飽滿。

THE CONSUMMATE GUIDE to the BARTENDER'S CRAFT
The JOY of MIXOLOGY
GARY REGAN

CO

KANEKO'S PHILOSOPHY

在 LAMP BAR，你可以喝到我所有參與比賽的作品，我一直是以做一杯能在店裡販售，客人也會喜歡的調酒為初衷，去構思比賽調酒的。

比賽舞台上，評審都是業內的專業人士或前輩調酒師，但同時，也是喝著你雞尾酒的消費者。用有限的比賽時間，讓眼前這些「專業消費者」理解你為什麼帶來這樣一杯酒，享受你調酒的過程與美味，其實就是比賽另一個思考的層面。

在這裡分享幾點這些年來，我對於比賽的一些見解與訣竅。

MPETITION COCKTAILS

品牌的連結度

在我早期參加調酒協會比賽時，基本上都有贊助商；而這幾年的比賽則都由酒商直接主辦。不論是何種類型的比賽，最重要的就是圍繞著酒款打造一杯酒。

首先我會先仔細對比賽指定用酒作深入的研究。如果做出美味的酒，但卻掩蓋了指定酒款本身的風味，評審會覺得是不是隨便換一款基酒，都能帶來差不多的效果。

我也會透過品牌的歷史與故事性，去尋找材料連結，舉例來說，助我贏得世界賽的 Golden Chronicle 便是具有這樣特質的酒。

讓人為之一亮的素材

在當比賽評審時，我就像是個好奇的小孩，很多時候，我會驚訝於參賽者選用的素材，有些材料我沒有想過要用在雞尾酒裡，但選手卻用很完整的概念來呈現。

而素材的選擇，不一定只有出現在酒杯裡的風味，也有可能是杯飾與整體的美感呈現，不要錯過任何可以讓評審眼睛為之一亮的呈現方式。

全力以赴的練習

我自己是苦練型的選手，所以很佩服那些站上舞台就能綻放光芒、眼睛炯炯有神的調酒師。

為了能不怯場拿出最好的表現與調酒，我用盡所能的努力。像是為了克服世界賽快速調酒的關卡，光在世界賽的前三個月，僅烈酒的部分就花了我逾六十萬日幣。

在那三個月的時間裡，LAMP BAR 仍正常營運，每天營業及開店準備就花掉我十二個小時，回到家仍必須照顧當時未滿周歲的長子。即便如此，我仍每天提早三小時到店裡練習，關店之後也都會留下來三個小時。

在舞臺上，那個充滿自信的我，是建立在無愧於心的拼命練習上。

美味才是最終決勝負的關鍵

我在賽場上，見過很多傑出的調酒師，他們有很強的舞台魅力，也有很棒的表達能力。然而，為了配合一些新穎的材料，反而掩蓋了基酒風味，或者在風味平衡上有所失衡。勇於創新，的確能在一瞬間吸引評審的目光，但能不能符合比賽的主題，創造一杯擄獲評審味蕾的調酒，才是決定誰能勝出的關鍵。

FROM 23

材料

45mL Ron Zacapa 23
20mL Carpano Antica Formula
5mL Campari
10mL Earl grey tea syrup
28 Coffee beans
Garnish: Grapefruit peel, Cookie, Black salt, Sugar powder and Molasses

於攪拌杯上放置咖啡濾紙，添加咖啡豆，於濾紙上注入其他材料。取下濾紙，加冰充分攪拌，倒入雞尾酒杯中。以葡萄柚皮作為裝飾物，在捲心餅乾的前端抹上糖蜜、撒上黑鹽與糖粉。

Earl grey tea syrup

在 200 毫升的水中放入 2.5 克格雷伯爵茶葉，靜置 1 夜。過濾後加入 200 克的砂糖，隔水加熱，待砂糖溶化後即完成。

在 World Class 世界賽中，以「飯後、晚間 23 點也能享受的雞尾酒」為主題進行創作，我想調製一款有多層次風味、口感醇厚的雞尾酒。基酒選用 Ron Zacapa 23，連結香艾酒的甜、Campari 的苦以及咖啡的香氣。因為是餐後飲用，使用可解膩的格雷伯爵茶製成糖漿，茶跟咖啡都具有單寧酸，可以帶來口感上的變化。裝飾物選擇和咖啡苦味契合的葡萄柚，仿製的雪茄餅乾前端的黑鹽和糖粉，則呈現出燃燒中的意象。

GENESIS

材料

40mL Don Julio Reposado
10mL Tanqueray No. TEN
15mL Lime juice
10mL Atsukan* syrup
5mL Agave syrup
2 dashes Bob's Vanilla Bitters
2 sprays Salt solution*

於雞尾酒杯的內壁噴灑鹽水，放入冷凍庫冰鎮。將所有材料加冰搖勻，倒入雞尾酒杯中。

Atsukan syrup

在清酒中加入酒液重量 90% 的砂糖，以攝氏 60 度的水隔水加熱，待砂糖溶化後即完成。

在 World Class 世界賽創作的雞尾酒。以 Don Julio 龍舌蘭作為主題，在副材料上藏有許多巧思。產地所在的哈利斯科州，居民十分喜愛洋甘菊茶，所以選用添加洋甘菊蒸餾的 Tanqueray No. TEN 搭配；Don Julio 與大吟釀在酵母的培育上，都十分講究，因此選以大吟釀熬製糖漿；透過萊姆汁與龍舌蘭糖達到恰好的平衡，能進一步帶出清酒裡的柑橘香；香草苦精則呼應到 Don Julio Reposado 的波本桶調性。

製作熱燗糖漿時請注意溫度，並隔水加熱。使用滾水會改變清酒的香氣。

*Atsukan：熱燗（あつかん）。即熱清酒。
*Salt solution：見 p.182 材料解說。

GENTLEMAN ROB ROY

材料
30mL Johnnie Walker Gold Label
10mL Cherry Heering
10mL Picon Bière
10mL Bols Crème de Cacao Brown
2 dashes Lamp cacao bitters
Garnish: Orange peel and Truffle chocolate

將所有材料注入放有方冰的古典杯中，攪拌冰鎮。以柳橙皮和巧克力作為裝飾物。

Lamp cacao bitters
在 750 毫升 Smirnoff No. 57 中放入 75 克可可碎粒*，靜置 1 天，過濾後加入液體重量 25% 的砂糖，隔水加熱，待砂糖溶化後即完成。

這是 LAMP BAR 的調酒師高橋慶 2018 年 World Class 日本賽的決賽作品。以 Johnnie Walker Gold Label 為主題，透過其中的蜂蜜調性，連結 Cherry Heering 的濃郁果香、Picon 的木質香料，以及可可的芳醇，重新詮釋具有溫柔典範、屬於當代的 Rob Roy。

濃郁的風味，隨著冰塊融化會有所不同，搭配附上的巧克力一同享用，可以細細品味其中的層次變化。可以將基酒換為白蘭地或陳年的龍舌蘭，品嚐不同酒款所展現的獨特風味。

若覺得製好的 cacao bitters 可可味不夠，可增加 35 克的可可碎粒後多靜置 1 天。

* 可可碎粒：cacao nibs。

GOLDEN CHRONICLE

材料
40mL Johnnie Walker Gold Label
30mL Apple juice
10mL Maple syrup
1 Egg white
1/2tsp Butter
5 sprays Salt solution*
1 spray Cinnamon solution*
Cinnamon branch
Hinoki wooden ball
6 drops King of flavor bitters

在透明茶壺中放入黃檜、肉桂和威士忌，搖晃容器，使香氣進入酒液。於搖酒器中加入蘋果汁、楓糖和蛋白，噴灑鹽水，放入彈簧進行乾式搖盪後，注入奶油與威士忌（不含黃檜與肉桂），加冰搖勻，經雙重過濾，倒入雞尾酒杯中。

在杯身上噴灑肉桂水，液面滴上苦精。於裝有黃檜和肉桂的容器中注入熱水，連同雞尾酒一同呈現。

Cinnamon solution
在 200 毫升的伏特加中放入 1 克肉桂，浸泡 3 天，過濾後即完成。

King of flavor bitters
將 20 毫升的 Bob's Vanilla Bitters 和 20 毫升的 Noord's Orange Bitter 混合，逐次少量加入三仙膠，直至液體產生稠度後即完成。

*Salt solution：見 p.182 材料解說。
*Hinoki：檜（ひのき）。即日本黃檜。

這是我在 World Class 世界賽最後一項賽事中調製的雞尾酒。Johnnie Walker 起源於蘇格蘭 Kilmarnock 地區，一間有賣調和茶葉的雜貨店。以茶為靈感，杯具特意選擇茶杯狀的高腳杯及透明茶壺。在風味上，則連結我的家鄉，使用奈良的黃檜作為浸漬威士忌的材料。

關於其他材料的選擇，我以蘋果汁、楓糖與奶油連結威士忌本身的風味。鹽水是秘密武器，可以去除蛋腥味、讓蛋白更容易打發，也讓奶油的香氣更加鮮明。

酒面上點綴的苦精，代表旅行者的探索足跡，也意寓著品牌邁著步伐的紳士標誌。裝有黃檜木與肉桂棒的容器，是獨特的裝飾物，可以在品飲前將壺蓋打開，從中散發出混合威士忌、充滿溫暖的木質香氣。作為杯墊的古書，隱喻 Johnnie Walker 和奈良豐富的歷史底蘊。

請在加入奶油之前先將蛋白打發，蛋白若遇上奶油，不易打發起泡。加冰搖盪時，不要讓冰塊猛烈直撞搖酒器內壁，以免破壞打發蛋白所產生的綿密泡沫。

鹽水裡使用的鹽，特別選擇來自蘇格蘭的海鹽。

SAVORIES

材料
40mL Ketel One Vodka
3g Sencha* tea leaf
10mL Hot water
40mL Tomato water
5mL Simple syrup
1 dash Lamp cacao bitters*
Garnish: Sencha tea leaf

於搖酒器中放入煎茶茶葉和攝氏 70 度的熱水，待茶葉舒展開後，加入其他材料，加冰搖勻，經雙重過濾，倒入雞尾酒杯中。撒上煎茶茶葉作為裝飾物。

Tomato water
將 2 顆牛番茄切片，放入 300 毫升的水中，冷藏 1 夜，過濾後即完成。冷凍可以保存 1 個月，使用前移至冷藏解凍。

LAMP BAR 的首席調酒師安中良史 2019 年 World Class 日本賽的參賽作品，比賽指定基酒為 Ketel One Vodka。

以奈良歷史悠久的茶文化，創作一杯致敬 Espresso Martini 的作品，出發點源自經典調酒之中，沒有一款以茶為主題，廣為流傳的雞尾酒。以伏特加乾淨的風味作為背景，帶出奈良煎茶的茶香，番茄水的鮮味提供了明亮的感受，自製可可苦精點綴出深邃的風味，是一款清爽細膩的雞尾酒。

*Sencha：煎茶（せんちゃ）。
*Lamp cacao bitters：見 p.214 材料解說。

THE BEGINNING

材料
45mL Johnnie Walker Gold Label
10mL Talisker 10 YO
1tsp Orange marmalade
5mL Lemon juice
10mL Lapsang souchong tea syrup*
2 sprays Salt solution*
Garnish: Cinnamon branch

將所有材料加冰搖勻，經雙重過濾，倒入雞尾酒杯中。以火炙燒過的肉桂棒作為裝飾物。

這是我在 World Class 世界賽中創作的雞尾酒。世界賽舉辦的地點南非，位於現代人類誕生之地的非洲大陸，這杯雞尾酒即以「起源」為發想，酒杯以象徵孕育生命的蛋為造型。最後點燃肉桂，代表人類文明演化過程中不可或缺的進化之火。

在肉桂中塞入細小棉絮，點燃時會造成一瞬間的閃燃，帶給顧客驚喜。

*Lapsang souchong tea syrup：見 p.152 材料解說。
*Salt solution：見 p.182 材料解說。

THE JUDGE

材料
45mL Bulleit Rye Whiskey
10mL Tanqueray No. TEN
10mL Lemon juice
1tsp Orange marmalade*
1tsp Honey
2 dashes Bob's Vanilla Bitters

將所有材料加冰搖勻，經雙重過濾，倒入放有方冰的雞尾酒杯中。

在 World Class 世界賽連結過去與未來的挑戰關卡中獲得冠軍的雞尾酒。Bulleit 酒廠的創立者 Thomas E. Bulleit, Jr. 是一位律師，因此我將這杯雞尾酒命名為 The Judge。

以禁酒令時代為主題，以美國黑幫教父 Al Capone 喜歡威士忌為出發點，用裸麥威士忌作為主要基酒，並透過琴酒和柑橘果醬的組合，演繹當時流行的浴缸琴酒。威士忌的醇厚結合琴酒的草本香氣，加上柳橙果醬和蜂蜜，層次豐富，是一款甜美易飲、適合慢慢享用的雞尾酒。

蜂蜜和柳橙果醬都不易溶解，在搖盪之前可以使用手持攪拌器將材料混勻。果醬裡的果皮會影響雞尾酒的口感，建議經雙重過濾注入酒液。

*Orange marmalade：英式柳橙果醬。

TINY BOUQUET

材料
40mL Tanqueray No. TEN
20mL Apple juice
10mL Lemon juice
10mL Simple syrup
2 sprays Salt solution*
1 spray Orange flower water
1 Egg white
5 drops Sakura bitters

於搖酒器中放入蛋白，噴灑鹽水，注入橙花水和苦精以外的材料，加冰搖勻，經雙重過濾，倒入雞尾酒杯中。噴灑橙花水於液面上，以苦精繪出櫻花圖樣。

Sakura bitters
將 20 毫升的 Peychaud's Bitters、20 毫升的 Noord's Orange Bitter 和 10 毫升的 Suntory Kanade Sakura* 混合，逐次少量加入三仙膠，直至液體產生稠度後即完成。

以「將雞尾酒化為充滿香氣的花束」為目標，使用帶有洋甘菊和柑橘調性的琴酒為基底，蘋果汁與洋甘菊的相性極佳，並藉由蛋白創造優雅柔滑的口感。橙花水帶來的香氣與液面上的櫻花圖樣，營造出花束般的華麗感受。

噴灑鹽水可去除蛋腥味，也使蛋白更容易產生綿密的泡沫。酒液注入杯中時，可將雙層濾網的尖端稍稍浸入酒裡，產生的泡沫會更加綿密。

*Salt solution：見 p.182 材料解說。
*Suntory Kanade Sakura：三得利奏櫻花利口酒。

ARTISAN FIZZ

材料
30mL Absolut Elyx
10mL Pernod Pastis
10mL Cointreau infused with cumin
20mL Lemon juice
10mL Simple syrup
10mL Cream
45mL Soda water
1 Egg white
Garnish: a slice of Toast

將蘇打水以外的材料放入波士頓雪克杯中，乾式搖盪後加冰搖勻，經雙重過濾，注入銅杯中，倒入蘇打水。以小麵包作為裝飾物。

Cointreau infused with cumin
於果汁機中放入 500 毫升的 Cointreau 和 300 克小茴香，待小茴香打成細碎狀，酒液變成翠綠色，靜置 1 小時，過濾後即完成。

2013 年在 Absolut Elyx Cocktail Competition 日本賽中獲得大獎的雞尾酒。

有沒有覺得酒譜結構很眼熟？沒錯，我以 Ramos Gin Fizz 為概念進行改編創作，將基酒替換為伏特加，以小茴香及茴香酒為這款經典做出全新的詮釋。不變的鮮奶油和蛋白，依然是綿密口感的關鍵。

Pernod Pastis 與小茴香風味十分鮮明，在乾式搖盪時將酒液充分打發搖勻，能讓這杯酒的風味更加平衡。Cointreau 的高酒精濃度能有效萃取小茴香的香氣， 採用短時間浸泡，創造出清爽的感受。

比賽結束後，我造訪位於瑞典南部奧胡斯（Åhus）的釀酒廠，蒸餾廠周圍就是片廣闊的的麥田，Absolut Elyx 只採用這裡出產的冬小麥作為原料，將產品出口到全世界。「ONE SOURCE, ONE PRODUCT」是 Absolut Elyx 的品牌精神。

APASIONADO

材料

45mL Havana Club Añejo 7 YO Rum
30mL Pedro Ximénez
10mL Suze
15mL Lime juice
100mL Fentimans ginger beer
3 dashes Clove tincture
Garnish: Cinnamon powder

將薑汁啤酒以外的材料加冰搖勻，注入裝有冰塊的陶杯中，倒入薑汁啤酒。撒上肉桂粉作為裝飾物。

Clove tincture

在 100 毫升的 Spirytus Rektyfikowany 中放入 1 茶匙丁香，靜置 5 天，過濾後加入 100 毫升的水即完成。

2019 年 Essence of Havana 的比賽雞尾酒。

以雪莉酒的堅果與果香，連結 Havana Club 陳年蘭姆酒帶有香草、可可與熱帶水果的調性。薑汁啤酒的辛辣與龍膽草利口酒微苦的草本調，凸顯出陳年蘭姆酒的複雜多層次面貌，創造出一款口感明亮豐富的雞尾酒。

選用玻里尼西亞風格的馬克杯，是呼應到比賽主題，適合在古巴海邊抽雪茄時喝的雞尾酒，營造出一種在夏日海景度假村享受假期的意象。

「適合在古巴海邊，與哈瓦那產雪茄一同享用長飲型雞尾酒」是這次的比賽題目。審查過程中，評審一邊抽雪茄，一邊品評雞尾酒。

BOTANICAL GARDEN

材料
30mL Tanqueray No. TEN
30mL Cold brew green tea
30mL Sudachi* juice
10mL Simple syrup
1 Shiso*

輕輕拍打紫蘇葉引出香氣，再和其他材料一同加冰搖勻，經雙重過濾，倒入雞尾酒杯中。

Cold brew green tea
在 500 毫升的水中放入 5 克煎茶茶葉，靜置 3 小時，過濾後即完成。冷藏保存。

2010 年在 World Class 日本賽奪冠的雞尾酒。

以 Tanqueray No. TEN 清新風味為基調，結合奈良縣產的綠茶及德島縣產的酢橘果汁調製。加入產自奈良的綠紫蘇一同，賦予新鮮草本調性，是杯充滿香氣的清爽雞尾酒。調製之前，透過輕拍紫蘇葉釋放出香氣，跟直接加入搖盪所呈現的風味截然不同。過濾時挑選格紋較密的濾網，清新的口感表現更加乾淨。

為了呼應 Tanqueray No. TEN 綠色的瓶身，材料中所選用的酢橘、綠茶和紫蘇都是綠色食材。在此之前的日本調酒比賽中，較少看到使用檸檬與萊姆以外的柑橘作為酸度來源。

這是一款適合與和食一同享用的雞尾酒，與當季的鹽烤魚十分相配。

*Sudachi：見 p.142 附註。
*Shiso：紫蘇（しそ）。即紫蘇葉。

LUNGA VITA

材料
40mL Campari
30mL Frangelico
1tsp Talisker 10 YO
50mL Espresso
1/3tsp Xanthan gum*
Garnish: Orange peel

將所有材料加冰搖勻，經雙重過濾，倒入雞尾酒杯中。擺放上柳橙皮作為裝飾物。

2019 年 Campari Competition 的參賽雞尾酒。

Lunga Vita 是義大利語，意思是長久的人生。我圍繞在 Campari 的風味上挑選材料，以 Campari 和咖啡的苦味作為主軸，加入榛果利口酒及具有煙燻香氣的威士忌，濃縮咖啡提供了綿密的口感，橙皮皮油增加整體的層次。如同人的一生，各種情感交織，有苦有甜，形成複雜且精彩的味道。

加入三仙膠是為了讓泡沫綿密的狀態維持更久，可以使用其他增稠劑取代。不添加也可以，濃縮咖啡經由搖盪，也會自然產生泡沫。

Espresso Martini 作為餐後享用的雞尾酒相當受歡迎，若在口味上偏好更濃郁的風味，這杯雞尾酒是很好的選擇。

*Xanthan gum：三仙膠。

RITMO NOBLE

材料
40mL Casa Noble Añejo
20mL Umeshu*
10mL Agave syrup
10mL Lemon juice
3 dashes Earl grey tea and rosemary tincture
Garnish: Lemon peel, Mint leaf and Cinnamon branch

將所有材料注入攪拌杯中，加冰攪拌，倒入茶杯中。在茶碟上放上檸檬皮、薄荷葉和肉桂棒為裝飾物。

Earl grey tea and rosemary tincture
在 100 毫升的 Spirytus Rektyfikowany 中放入 1 小束迷迭香的葉片和 3 克伯爵茶葉，靜置 2 天，過濾後加入 100 毫升的水即完成。

2013 年在 Casa Noble Cocktail Competition 中奪冠的雞尾酒。

Carlos Santana 是 Casa Noble 品牌的共同擁有者，同時也是一名頂尖的吉他手。比賽於他在日本舉行演唱會時進行，這款雞尾酒意思是「高貴的旋律」，致敬他在吉他上的造詣。使用 Casa Noble Añejo 爲基酒，甜度來自墨西哥的龍舌蘭糖與奈良縣產的梅酒，伯爵茶和迷迭香帶出陳年龍舌蘭優雅、具有層次的風味。

搖盪過程中龍舌蘭糖不易溶化，可在加入冰塊前，將材料攪拌均勻。

作爲比賽奪冠的獎品，我得到了 Carlos Santana 的簽名吉他！

*Umeshu：梅酒（うめしゅ）。這裡選用奈良產的梅酒，可自行依據喜好選擇品牌。

TAKUMI'S PHILOSOPHY

關於食物與雞尾酒的搭配

比起紅白酒，雞尾酒的味覺範圍更加廣泛。以傳統雞尾酒吧的調酒而言，若直接以 Martini 或者 Sidecar 這樣的雞尾酒作搭配，酒本身已經有足夠的酸甜平衡，以及高酒精度，在餐酒搭上，並不是這麼恰當，所以搭餐的酒需要另外設計。

雞尾酒餐酒搭上，主要的考量還是能不能為餐點帶來加分的效果。雞尾酒裡的酸度跟某些風味，可以達到開胃的效果，也有助緩解油膩，作為餐與餐之間的轉場。

在 fine dining 餐酒搭上，因為用餐的時間裡會有多道料理，搭配數杯雞尾酒，所以在酒精度上，務必要控制好。

以下分享幾點搭餐的秘訣。

FOOD PAIRING

以合適份量的液量作搭配

需要考慮到消費者一晚上會以幾杯酒搭餐，來計算合適的總酒精量。同時，也要考慮到單份餐點的份量，要讓用餐的人在用完該份餐點時，差不多喝完搭配的酒，才能起到最好的效果。

所以在雞尾酒餐酒搭裡的雞尾酒，比起在酒吧裡的調酒，單杯的酒精量跟容量都可能來得更少。同時，除了酒款的設計以外，挑選合適的杯子來盛裝也很重要，這可以讓整個餐酒搭配的體驗達到最完整的狀態。

記得誰是主角

在目前主流的雞尾酒餐酒搭裡，多是以餐點為主角，用雞尾酒取代傳統的紅白酒或清酒來搭配。雖然也有以調酒為主題，輔以餐點或甜點搭配的組合，但這裡所討論的，是以餐點為主的雞尾酒餐搭。

既然如此，酒款的設計就很重要了，千萬不要壓過餐點的表現，而是要能適時襯托餐點的美味，若佐餐調酒能激發出消費者想吃下一口的心情，那就成功了；反之，若要設計以雞尾酒為主題的體驗性菜單，也不要讓餐點壓過雞尾酒的風味表現。好的搭配，要能襯托出主角的美味度。

風味順序的安排

在餐酒搭配上，我會特別注意酸甜的平衡以及出場順序。

若喝到比較甜的酒，會讓食客有一種味蕾滿足的心理狀態。所以在前菜階段，要盡量考慮爽口的酒款，可以激起客人對餐點的食慾。以清酒為例，餐搭的過程，大概就是慢慢從辛口到甘口，偶爾為了凸顯不同餐點的風味，可以稍微調換順序。

酸味則會打開飢餓的味蕾，所以，開場的酒一般帶有較高的酸度。而像是醋或康普茶，這類的酸味來源，比起檸檬汁更有開胃的效果，不妨試試在前菜的部分用在酒款裡，只是若前菜已經添加有醋，則不適合重複使用在搭配的酒中。

帶有氣泡類型的酒款，不論是搭配上前菜、主餐或者是甜點，都能有良好的效果。不過氣泡類型的酒款若是在餐點的後半段上，請注意給予的份量，太多的話反而是個負擔。我自己就很喜歡在甜點的部分，搭配上一小杯香檳或氣泡清酒。

酸甜以外的平衡

除了酸甜的平衡之外，也要注意到風味及酒體的搭配。過於飽滿的酒體，會跟高甜度一樣，讓人有吃飽的錯覺，所以在酒體及口感上，需要跟著餐點循序漸進。

風味也是，開胃酒通常會選擇比較明亮、帶酸度的酒，而隨著餐點逐一上來之後，可以選擇一些帶有草本、口感厚實的酒。

餐酒搭的目的，是讓用餐的人透過酒的搭配，使得食物更加美味，在這樣的基礎上去思考各個層面上的平衡，就能創造出完美的餐酒搭配。

LORENA GRAND CRU

材料
45mL Ron Zacapa 23
5mL Angostura Bitters
15mL Cranberry juice
5mL Raspberry vinegar
Bob's Vanilla Bitters
6 Coffee beans
2 Anise
3 Clove
Cinnamon
Black pepper
Garnish: Dried Jamón

於冰鎮過的紅酒杯內壁刷上香草苦精。將其他材料注入攪拌杯中，使用搗棒輕搗，加冰充分攪拌，倒入紅酒杯中。以乾燥火腿乾為裝飾。

Dried Jamón
將西班牙生火腿放入食品乾燥機中，烘乾即完成。

在 2015 年 WORLD CLASS 世界賽的餐酒搭配挑戰中所創作。

這是根據當天才知道的南非料理，用現場有限的材料創作雞尾酒的挑戰，我以像波爾多葡萄酒一樣的雞尾酒爲概念，著手進行調製，一邊試吃、一邊調整材料比例。在我讀過的調酒書中，記載有加入平價紅酒、咖啡和黑胡椒，進而創造出好喝雞尾酒的印象，從中得到啓發，重新解構雞尾酒。

以經過長時間熟陳、味道醇厚的蘭姆酒爲基底，藉由醋與莓果的酸，加上香料及苦精堆疊出來的層次，打造出如紅酒般的酸度與複雜風味，添加醋的雞尾酒，十分搭配比賽當天的鴕鳥肉漢堡，廣受評審好評。

推薦搭配餐點：臘腸、生火腿、牛排等紅肉料理。

SANSHOU FIZZ

材料
50mL Tanqueray No. TEN infused with sanshou*
20mL Lime Juice
10mL Gin syrup*
70mL Soda water
Garnish: Sanshou leaf

將所有材料加冰搖勻，注入放有長冰的高球杯中，倒入蘇打水，輕輕攪拌。於冰面上擺放山椒葉作為裝飾物。

創作出 Sanshou Gimlet 後，想再以山椒作為主題，做一杯爽口、任何人都可以輕鬆品飲的雞尾酒。蘇打水稀釋了酒精度，更為易飲，碳酸帶出山椒的香氣在口中擴散，喝起來相當清爽，很適合當作餐搭雞尾酒。搭配任何料理都很適合，其中又以日本和食最為相配。

推薦搭配餐點：日本和食，如懷石料理、生魚片、涮涮鍋。

*Tanqueray No. TEN infused with sanshou：見 p.192 材料解說。
*Gin syrup：見 p.192 材料解說。

GOLDEN BURDOCK MOSCOW MULE

材料

45mL Vodka infused with golden burdock
10mL Ginger honey
10mL Lime juice
70mL Soda water
Garnish: Lime wedge

將蘇打水以外的材料加冰搖勻，注入銅杯中，緩慢倒入蘇打水，適度攪拌。以萊姆切角作為裝飾物。

Vodka infused with golden burdock

將 300 克的黃金牛蒡清洗後切片，放入攝氏 80 度的烤箱烘烤 3 小時。在 700 毫升的伏特加中放入前述牛蒡，靜置 1 週，過濾後即完成。

Ginger honey

將 400 克生薑削皮，切成薄片，和 500 毫升的水放入果汁機中，打勻後過濾，加入 500 毫升蜂蜜，低溫熬煮，將液量揮發至剩餘 700 毫升即完成。

以 Moscow Mule 為原型進行改編。奈良縣產的黃金牛蒡與同屬根莖類的薑非常搭配，為整體風味奠定基調。薑與蜂蜜，分別帶來辛辣與圓潤的口感，相互平衡，使這款雞尾酒品飲起來層次豐富。

生薑蜂蜜的辛辣程度取決於薑的使用量，可以依照個人喜好，酌量增減。

推薦搭配餐點：含有牛肝菌或松露的義大利麵、義式燉飯、使用高湯燉煮的蔬菜料理。

RIKYU & TONIC

材料
45mL BACARDÍ Carta Blanca infused with lemongrass
10mL Malibu
10mL Lime juice
90mL Tonic water
45mL Matcha*

當場沖泡抹茶。將抹茶以外的材料注入放有長冰的高球杯中，適度攪拌冰鎮，緩慢倒入抹茶，使其漂浮在酒液上。

BACARDÍ Carta Blanca infused with lemongrass
將 100 克的檸檬香茅切成細碎狀，接著放入 700 毫升的 BACARDÍ Carta Blanca 中，靜置 1 週，過濾後即完成。冷藏保存。

Matcha
以 60 毫升、攝氏 80 度的水沖泡 2 克京都產的抹茶粉，以茶筅*將茶湯混合均勻，創造出細緻柔滑的茶沫。

這款雞尾酒以日本茶道宗師——利休（Rikyu）命名。下半部的透明酒液滋味清爽沁涼，結合漂浮液面、口感綿密的抹茶，產生有趣的雙重風味，是一杯適合在夏日飲用的長飲型雞尾酒。

日本懷石料理會隨著季節使用不同的食材，相當搭配夏季料理，像是當季烤魚佐梅肉醬料。因為雞尾酒裡含有抹茶，搭配含有豆餡的日式甜食也很適合。

抹茶沖泡完畢後，請先倒入另外準備的容器待用。倒的過程中，茶體會因混進空氣產生更多綿密的泡沫。

推薦搭配餐點：季節鮮魚、烤香魚、和菓子。

*Matcha：抹茶（まっちゃ）。
*茶筅：泡製抹茶的茶刷。

SOMEWHERE IN THAILAND

材料
40mL Vodka infused with kaffir lime leaf
10mL Malibu
40mL Pineapple juice
5mL Orgeat syrup
10mL Lime juice
Sweet chili sauce foam

將甜椒泡沫以外的材料加冰搖勻，倒入雞尾酒杯中，於液面上鋪滿甜椒泡沫。

Vodka infused with kaffir lime leaf
於果汁機中加入 700 毫升的伏特加和 10 片卡菲爾萊姆葉，打勻後靜置 1 天，過濾後即完成。冷藏保存。

Sweet chili sauce foam
將泰式甜椒醬過濾後，和 150 毫升的水、50 毫升的檸檬汁、1 顆蛋白、1 撮鹽和 1 茶匙的三仙膠放入奶油槍中，注入二氧化碳即完成。冷藏保存。

The Sailing Bar 有位十分喜歡至泰國旅遊與泰國料理的顧客，這杯雞尾酒是為他所創作的，調整風味時參考了許多他的意見。以泰式料理作為出發點，甜椒泡沫帶來令人驚喜的口感。泰國菜常使用香料和香草植物創造出酸辣多層次的風味，將料理特色結合熱帶水果，是一杯格外清爽、與東南亞美食相當匹配的雞尾酒。

透過果汁機能快速將卡菲爾萊姆葉的風味釋放到伏特加當中。請放置冷藏保存，維持鮮豔的顏色，也能延長保存時間。製作甜椒泡沫時，可以依照個人喜好，添加魚露或萊姆皮。

推薦搭配餐點：綠咖哩、泰式酸辣蝦湯、沙嗲等東南亞菜餚。

TRUFFLE CONNECTION

材料

45mL Rémy Martin V.S.O.P infused with truffle
15mL Disaronno
3 drops Truffle essence oil
Garnish: Truffle and Salt

將松露油以外的材料注入放有方冰的古典杯中，充分攪拌冰鎮。滴上 3 滴松露油，擺放上一片撒有少許鹽的松黑松露作為裝飾物。

Rémy Martin V.S.O.P infused with truffle

將 30 克松露切片，放入 500 毫升的白蘭地中，靜置 1 週，過濾後即完成。

以 French Connection 為原型進行改編。松露帶給白蘭地更加圓潤且複雜的風味，搭配杏仁利口酒的醇厚口感，使這款雞尾酒相當適合與巧克力一同享用，也可以搭配油脂感豐富的料理，如起司與鵝肝；不適合醬汁厚重的餐點。

推薦搭配餐點：巧克力、堅果、含有起司或鵝肝的菜餚、雪茄。

YAIZUWARI

材料
45mL Mugi shochu* infused with katsuo* and konbu*
180mL Awase dashi*
Pinch of Salt
Garnish: Dried plum

於茶杯中放入浸漬過柴魚乾和昆布的麥燒酎，注入加熱過的高湯。放入一小撮鹽，以梅乾作為裝飾物。

Mugi shochu infused with katsuo and konbu
在 700 毫升的麥燒酎中放入 7 克柴魚乾和 7 克昆布，靜置 15 小時，過濾後即完成。

Awase dashi
在 1 公升的水中放入 10 克昆布，靜置 10 小時，放入鍋中加熱。即將沸騰時將昆布取出。於前述高湯中加入 30 克柴魚乾，煮沸後靜置 2 分鐘，過濾後即完成。冷卻後移至冷藏保存。

Yaizuwari（焼津割）是燒酎的一種喝法，於燒酎中加入高湯一同享用。Yaizuwari 由 Yaizu 與 wari 兩字構成，Yaizu 指地名，日本靜岡縣燒津市；wari 是割，稀釋兌水的意思。

這種特別的酒飲在燒津市的居酒屋中小有名氣。以傳統的日式高湯，加入揉合柴魚及昆布風味的麥燒酎，嚐起來有如和食中的湯品，佐上梅乾，可以適時地舒緩口腔裡的味道，是一杯與日式料理相當搭配的熱雞尾酒。這杯酒以攝氏 60 度左右提供給顧客最佳。

推薦搭配餐點：和食、各式日式料理。

*Mugi shochu：麦焼酎（むぎしょうちゅう）。使用未發芽大麥製成的燒酎。
*Katsuo：鰹（かつお）。這裡指柴魚乾。
*Konbu：昆布（こんぶ）。
*Awase Dashi：合わせだし。即高湯。

雞 尾 酒 名 人 堂

雞尾酒文化是由歷史上的調酒師與愛好者們共同建構，不斷演變成現今的面貌。這裡將書中提及的海外產業人物列表，感謝他們對於產業的付出。

Agostino "Ago" Perrone

建立了現代飯店酒吧的經營規範，自 The Connaught Bar 於 2008 年開業，擔任首席調酒師至今。Tales of the Cocktail 年度最佳調酒師。

Alex Kratena

2012 年 Tales of the Cocktai 年度最佳國際調酒師。於 2008 至 15 年在倫敦 Artesian 擔任首席調酒師，2012 至 15 年連續四年獲得世界五十大酒吧第一名。共同創辦非營利組織 P (OUR) 與酒吧 Tayer+Elementary。

Anistatia Miller

雞尾酒歷史學家與作家，現代歷史學博士候選人。Tales of the Cocktail 終生成就獎。創辦線上雞尾酒古書庫 EUVS、雞尾酒出版及顧問公司 Mixellany。

Charles Joly

2014 年 World Class 世界冠軍，2013 年 Tales of the Cocktail 年度最佳美國調酒師。創立瓶裝雞尾酒品牌 Crafthouse Cocktails 與酒具品牌 Crafthouse by Fortessa。

Dale DeGroff

90 年代美國雞尾酒復興的先驅，被稱作雞尾酒之王。Tales of the Cocktail 最佳產業導師、終生成就獎。紐奧良雞尾酒博物館創始主席，著有《The Craft of the Cocktail》與《The Essential Cocktail》。

Dario Comini

開創現代分子雞尾酒的概念。擁有 Nottingham Forest 等四間酒吧。

David Wondrich

雞尾酒歷史學家及作家，擁有世界文學博士學位。著有《Imbibe!》，一本關於 Jerry Thomas 的歷史雞尾酒書，影響當代調酒產業對歷史的探索。

Dick Bradsell（1959-2016）

90 年代倫敦雞尾酒復興的先驅。現代經典雞尾酒 Espresso Martini 與 Bramble 的創作者。

Eiji Arakawa 荒川英二

雞尾酒歷史學家，曾於朝日新聞擔任記者與編輯超過三十年。現於大阪開設酒吧 Bar UK。

Erik Lorincz

2010 年 World Class 世界冠軍，The Savoy Hotel American Bar 第十任首席調酒師。創有精品器具品牌 BIRDY，現於倫敦開設 Kwānt London。

Gary "Gaz" Regan（1951-2019）

知名調酒作家。一共出版 18 本雞尾酒書，《The Joy of Mixology》被視為驅使近代雞尾酒復興的著作之一。其標誌性的形象之一為用手指攪拌 Negroni。

Harry Craddock（1876-1963）

因禁酒令離開美國，回到倫敦，於 The Savoy Hotel American Bar 擔任調酒師，著有《The Savoy Cocktail Book》而聞名。共同創辦英國調酒師協會。

Harry Johnson（1845-1933）

職業調酒之父，開設史上第一家酒吧顧問公司。著有《New and Improved Bartenders' Manual》，第一本談論酒吧管理說明的書籍。

Hidetsugu Ueno 上野秀嗣

國際知名日本調酒大師，鑽石冰與 hard shake 為其標誌性象徵。現於銀座開設 Bar High Five。

Hugo Ensslin（1880-1929）

著有《Recipes for Mixed Drinks》，是禁酒令前的重要雞尾酒著作。

Jared Brown

Sipsmith Gin 共同創辦人與首席蒸餾師，雞尾酒歷史學家與作家。Tales of the Cocktail 終生成就獎。

Jeremiah "Jerry" Thomas（1830-1885）

美國雞尾酒之父。著有現存最古老的專業雞尾酒書《Bar-Tender's Guide》，其調酒 Blue Blazer 奠定了 19 世紀酒保形像：具有表演及創作力的專業人士。

Kei Takahashi 高橋慶

2021 年 World Class 日本第二。現為 LAMP BAR 調酒師。

Louis Eppinger（unknown-1907）

19 世紀末德裔美籍調酒師，1889 年於日本橫濱 Grand Hotel 任職酒吧經理。普遍被視作 Bamboo 與 Million Dollar 的發明者。

Manabu Ohtake 大竹学

2011 年 World Class 世界冠軍。現為東京 Palace Hotel 的 Royal Bar 首席調酒師。

Marian Beke

倫敦 The Gibson 主理人。於 2010 至 2015 年間擔任倫敦 Nightjar 酒吧經理。

Peter Dorelli

1984 至 2003 年 The American Bar 首席調酒師。1997 至 2004 年擔任英國調酒師協會主席，退休後擔任協會國際大使持續推廣雞尾酒。

Ryu Fujii 藤井隆

2016 年 World Class 世界第二。現於大阪開設酒吧 Craftroom。

Samuel "Sam" Ross

現代經典調酒 Penicillin 與 Paper Plane 的創作者，是第一批在 Milk&Honey 與 Sasha Petraske 共事的調酒師。在 Milk&Honey 結束後承接下原址，開設 Attaboy 至今。

Sasha Petraske（1973-2015）

公認為近代調酒之父。開設的 Milk&Honey 被視為現代 Speakeasy 酒吧的起源之一，培育出許多當代知名調酒師。

Shogo Hamada 浜田晶吾（1891-1981）

曾在橫濱 Grand Hotel 工作，後於東京的喫茶店 Café Lion 擔任調酒師。在 1920 年代 Million Dollar 經由 Café Lion 聞名，浜田晶吾稱其由 Louis Eppinger 於 Grand Hotel 所發明。第一位獲頒日本調酒協會 Mr. Bartender 殊榮的調酒師。

Steve Schneider

Employee Only 事業合夥人，Employee Only Singapore 主理人。與後閑信吾於上海合作 The Odd Couple。

Tasuku Hirano 平野祐

和歌山市 Bar Tender 創辦人暨調酒師。

Tim Philips

2012 年 World Class 世界冠軍，曾於 Milk&Honey London 工作。現於雪梨開設酒吧 Bulletin Place，參與酒吧顧問公司 Sweet&Chilli。

Tokuzo Akiyama 秋山德藏 （1888-1974）

日本天皇御廚，推動了西式料理在日本的普及。於 1923 年著有《法蘭西料理全書》，自此成為日本的西洋料理權威。隔年出版的《混合酒調合法》為日本第一本雞尾酒專書。

Tony Conigliaro

分子雞尾酒與現代化調酒先驅。The Drink Factory 創辦者，開設有 69 Colebrooke Row、Bar Termini 與 Untitled Bar。

Tony Yoshida

1993 年開設酒吧 Angel's Share，現由女兒 Erina Yoshida 經營。

Tsuyoshi Miyazaki 宮崎剛志

2013 年 World Class 世界第三。現於奈良市開設酒吧 Bar 'Pippin'。

William "Cocktail" Boothby（1862-1930）

禁酒令前舊金山地區知名調酒師。著有《The World's Drinks and How to Mix Them》。

Yonekichi Maeda 前田米吉（1897-1939）

1924 年出版日本第一本由職業調酒師撰寫的雞尾酒專書《雞尾酒》。

Yoshiaki Fujita 藤田義明

櫻井市 The Sailing Bar 創辦人暨調酒師，2008 年退休。

Yoshifumi Yasunaka 安中良史

現為 LAMP BAR 首席調酒師。曾於 Bar Hiramatsu 擔任調酒師逾十年。

Yoshitomo Hiramatsu 平松良友

關西地區代表性資深調酒師。現於大阪開設酒吧 Bar Hiramatsu。

Yutaka Haba 羽場豊 (1949-2019)

奈良市 Bar Old Time 創辦人暨調酒師。

* 以英文字母開頭順序排列。
* 日本調酒師英文名，以名前姓後的方式書寫。

作者｜劉奎麟 Tonic Liu

國立臺灣大學經濟學系畢業。2019 年 World Class 台灣區經典調酒挑戰與速度調酒競賽雙項冠軍；2018 年 World Class 台灣區最佳人氣賞。到訪全球逾 60 間威士忌酒廠、日本逾 200 間酒吧，2019 年至 LAMP BAR 研修。譯有《看一眼、搖兩下，三步驟調出 100 款熱門雞尾酒》一書。

作者｜姜靜綺 Jessy Chiang

國立臺北藝術大學新媒體藝術學系畢業。文字、設計雙棲自由工作者。2020 年 Tanqueray Runway 決選。

翻譯｜洪偉傑 Jay Hong

私立輔仁大學資訊管理學系畢業，現於東京攻讀青山學院大學國際企業管理碩士。熱愛酒吧文化，留日期間造訪各式日本酒吧。2018 年 Campari Bartender Competition Asia 台灣區 Top5。

謹以此書獻給熱愛雞尾酒的每一個我們